传感器
实验手册

胡乃红 ■ 主 编

U0227817

清华大学出版社
北京

内 容 简 介

本书根据高职高专教育培养高技能复合型人才的要求,结合课程自身的特点和规律进行编写。全书共 9 个项目,包括走进传感器项目开发、温度传感器实验、压电传感器实验、温湿度传感器实验、红外传感器实验、霍尔传感器实验、称重实验、空气质量实验和声音传感器实验。每个实验均按照实际工作项目进行编写。

本书可作为高职高专院校电子信息专业大类的实训教材,也可供从事工程造价工作的技术人员参考学习。

图书在版编目(CIP)数据

传感器实验手册 / 胡乃红主编.—北京:清华大学出版社,2024.10
ISBN 978-7-302-65173-4

Ⅰ.①传⋯ Ⅱ.①胡⋯ Ⅲ.①传感器-实验-教材 Ⅳ.①TP212-33

中国国家版本馆 CIP 数据核字(2024)第 033296 号

责任编辑:郭丽娜
封面设计:曹 来
责任校对:李 梅
责任印制:刘 菲

出版发行:清华大学出版社
  网 址:https://www.tup.com.cn,https://www.wqxuetang.com
  地 址:北京清华大学学研大厦 A 座 邮 编:100084
  社 总 机:010-83470000 邮 购:010-62786544
  投稿与读者服务:010-62776969,c-service@tup.tsinghua.edu.cn
  质量反馈:010-62772015,zhiliang@tup.tsinghua.edu.cn
  课件下载:https://www.tup.com.cn,010-83470410
印 装 者:三河市龙大印装有限公司
经 销:全国新华书店
开 本:185mm×260mm 印 张:6 字 数:135 千字
版 次:2024 年 10 月第 1 版 印 次:2024 年 10 月第 1 次印刷
定 价:36.00 元

产品编号:104329-01

前　言

　　传感器是感知世界万物的测量工具，也是实现自动检测和自动控制的关键。当下，传感器已经渗入各个领域，成为现代科技的前沿技术之一。在物联网时代，传感器更是实现人和物体"对话"、物体和物体之间"交流"的关键。形象地说，传感器就像人类唤醒和看清世间万物的"耳朵"和"眼睛"，而物联网则是实现感知世界的媒介。物联网的诞生实现了物与物、物与人的广泛链接，实现了对物品和过程的智能化感知、识别和管理。

　　以信息技术为主要驱动力的第三次工业革命正飞速地改变着人类的生活，世界正进入以大数据为特征的信息时代。工业生产正从传统模式向以"数字化、网格化、智能化"为特点的"智能制造"转变，这个转型升级离不开传感器技术、物联网技术的有力支撑。在自动化生产过程中，需要各种传感器监视和控制生产过程中的各个参数，保证设备工作在正常状态或最佳状态；在智能电网中，需要各种传感器对电力设备进行状态监测，从而提高电网的智能化水平、实现全景实时系统。可以说，传感器已经广泛应用于工业生产和国民经济的各个领域，掌握传感器技术已经成为现代信息技术人员的必备技能。

　　常见的传感器有温度传感器、压电传感器、温湿度传感器、红外传感器、霍尔传感器、电阻应变式传感器、气敏传感器、声音传感器等。本书为校企合作教材，利用这些传感器进行物联网实验，旨在培养学生的动手实践能力，掌握各类传感器的使用方法。

　　在本书的编写过程中，编者参考了大量文献和相关资料，在此对文献和资料的作者表示感谢。由于编者水平有限，虽然尽最大努力，但仍难免有不妥之处，敬请广大读者批评、指正。

编　者

2024 年 5 月

目 录

实验项目 1　走进传感器项目开发

建议课时:3

➡ 实验目的

(1) 了解 NEWLab 实验平台。

(2) 了解 A/D 转换器的工作原理。

(3) 了解光敏电阻工作原理。

(4) 了解光电传感电路的工作原理。

(5) 了解 DIY 模块。

(6) 了解数据处理基础知识。

(7) 了解光敏传感电路 DIY 模块并掌握光敏传感电路 DIY 模块的测量方法。

实验设备

NEWLab 实验平台、DIY 模块、万用表。

实验原理

1. 认识 NEWlab 实验平台

NEWLab 是新大陆教育公司推出的一款面向物联网、电子信息及计算机专业的教学实验设备,可应用于相关课程的原理展示、实验操作及综合实训。NEWLab 是一个由硬件设备平台、软件平台和教学资源库三部分组成的完整教学实验体系。

NEWLab 可完成单片机技术、ARM 嵌入式系统、RFID 技术、二维码技术、无线通信技术、传感器技术、数据采集、无线传感器网络、物联网应用程序开发、智能终端开发、电路设计等诸多课程的实验实训。

NEWLab 实验平台有 8 个通用实验模块插槽,支持单个实验模块实验,或最多8个实验模块联动实验;集成了通信、供电、测量等功能,为实验提供环境保障和支撑;内置了一块标准尺寸的面包板及独立电源,用于电路搭建实验。如图 1-1 所示为 NEWLab 实验平台实物。

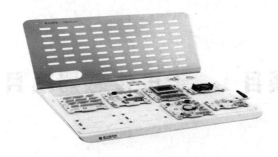

图 1-1   实验平台示意

1) 实验设备介绍

实验设备包括电源开关、通信模块开关、电源输出接口、面包板、磁性模块接口、模块通信接口、电源线接口、串行接口、USB 接口，如图 1-2 所示。

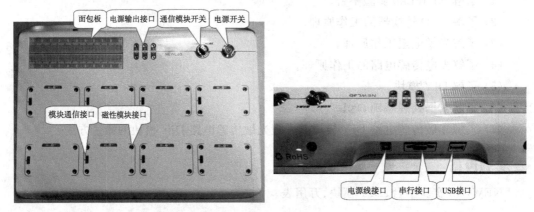

图 1-2   实验设备组成

2) NEWLab 云实验软件平台用户注册和登录

（1）启动 NEWLab 应用程序，进入开发实验平台起始主界面，如图 1-3 所示。

图 1-3   起始主界面

（2）单击软件平台主界面右上角按钮，弹出"用户登录"提示窗口，单击"注册"，进入用户注册页面，如图 1-4(a)所示。

（3）用户注册成功后，用注册后的用户进行登录，单击用户按钮，出现提示登录页面，填写用户名、密码，如图 1-4(b)所示。

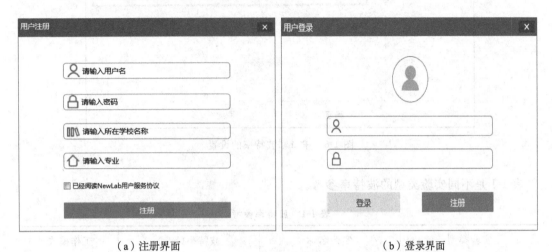

（a）注册界面 （b）登录界面

图 1-4 注册、登录

（4）登录成功后单击用户按钮，可以完成用户个人信息的修改及退出系统的操作，如图 1-5 所示。

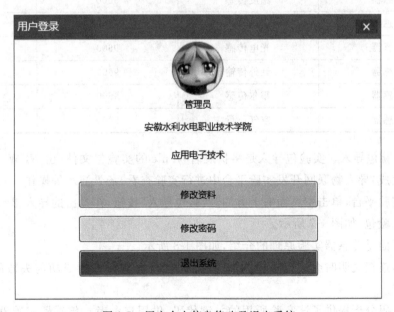

图 1-5 用户个人信息修改及退出系统

（5）串口和波特率的设置。打开软件平台，进入主界面，单击右上角的设置按钮，按图 1-6 所示的参数进行设置。

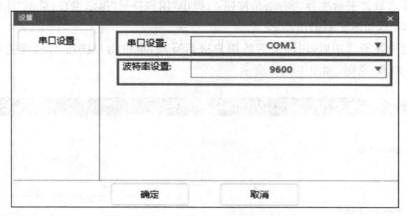

图 1-6　串口和波特率的设置

表 1-1 是不同实验类型的波特率参考。

表 1-1　波特率参考

实验类型	实验名称	波特率(b/s)	工作模式
传感器	称重实验	9600	自动
传感器	声音传感	9600	自动
传感器	湿度传感	9600	自动
传感器	温度传感	9600	自动
传感器	压电传感	9600	自动
传感器	光电传感	9600	自动
传感器	红外传输	9600	自动
传感器	霍尔传感	9600	自动
传感器	空气质量	9600	自动

（6）实验包导入。实验包导入是将扩展名为.nle 的实验包文件（由 NEWLab 实验包开发工具生成）导入物联网开发实验平台中进行实验查看、场景演示等操作。

打开实验平台，单击主页面右上方的"实验包导入"按钮，在弹出的导入提示框中选择要导入的实验包，如图 1-7 所示。

开始界面是传感器实验原理的介绍，如图 1-8 所示。

在显示连接说明时会进行板检测，在界面的首行会有板检测成功与失败的提示，如图 1-9 所示。

关键代码分析提供了该实验所用的关键代码，供用户参考。传感器实验没有提供关键代码。

场景模拟实验界面能够展示实验的动态效果，由模拟实验查看实验所要实现的功能，如图 1-10 所示。

图 1-7　实验包导入

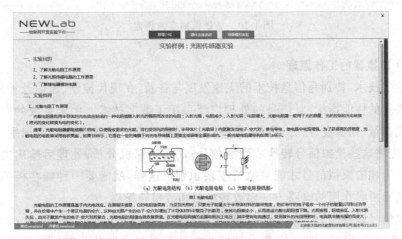

图 1-8　开始界面

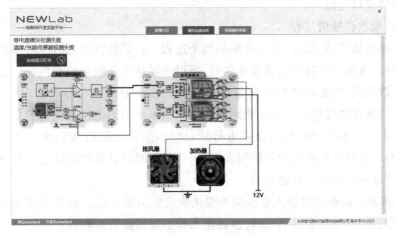

图 1-9　硬件连接说明界面

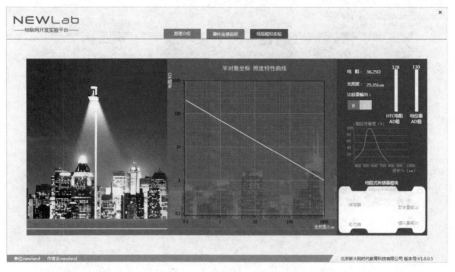

图 1-10　场景模拟实验界面

2. A/D 转换器的工作原理

随着数字技术,特别是信息技术的飞速发展与普及,在现代控制、通信及检测等领域,为了提高系统的性能指标,对信号的处理广泛采用了数字技术。由于系统的实际对象往往是一些模拟量(如温度、压力、位移、图像等),要使计算机或数字仪表能识别、处理这些信号,必须先将这些模拟信号转换成数字信号;而经计算机分析、处理后输出的数字信号也需要转换为相应模拟信号才能被执行模块识别。这样,就需要一种能在模拟信号与数字信号之间起桥梁作用的电路——模数转换器和数模转换器。

将模拟信号转换成数字信号的电路,称为模数转换器(analog to digital converter,简称 A/D 转换器或 ADC);将数字信号转换为模拟信号的电路称为数模转换器(digital to analog converter,简称 D/A 转换器或 DAC);A/D 转换器和 D/A 转换器已成为信息系统中不可缺少的接口电路。

1) A/D 模数转换的过程

模数转换包括采样、保持、量化和编码四个过程。在某些特定的时刻对模拟信号进行测量叫作采样,通常采样脉冲的宽度非常短,所以采样输出是断续的窄脉冲。要把一个采样输出信号数字化,需要将采样输出所得的瞬时模拟信号保持一段时间,这就是保持过程。量化是将保持的抽样信号转换成离散的数字信号。编码是将量化后的信号编码成二进制代码输出。这些过程有些是合并进行的,例如,采样和保持就利用一个电路连续完成,量化和编码也是在转换过程中同时实现的,且所用时间是保持时间的一部分。

2) A/D 转换器的主要性能指标

(1) 分辨率。转换器对输入电压微小变化响应能力的量度。由于分辨率与转换器的位数有直接关系,所以也常以 A/D 转换器输入数字量的位数来表示。

(2) 量化误差。由 AD 的有限分辨率引起的误差,即有限分辨率 AD 的阶梯状转移特性曲线与无限分辨率 AD(理想 AD)的转移特性曲线之间的最大偏差。最大误差可达到

1LSB(最低有效位)的 1/2。

（3）转换时间。A/D 转换器的转换时间是指从转换控制信号到来到输出端得到稳定的数字信号所经过的时间。

（4）绝对精度。在输入满刻度数字量时，A/D 转换器的实际输出值与理论值之间的偏差。

（5）相对精度。在整个转换范围内，任意一个数字量所对应的模拟输入量的实际值与理论值的差值。

A/D 转换电路中模拟电压经电路转后的 AD 值如下：

$$AD = \frac{U_A}{V_{DD}} \cdot 2^n = \frac{2^n}{V_{DD}} \cdot U_A \tag{1-1}$$

式中，n 为采用 A/D 转换的精度位数，U_A 为 AD 转换器输出的数字量，V_{DD} 为转换电路的供电电压。传感器实验模块中精度为 8 位，供电电压为 3.3V。

3. 光敏电阻的工作原理

光敏电阻是利用半导体的光电效应制成的一种电阻值随入射光的强弱而改变的电阻。入射光强，电阻减小；入射光弱，电阻增大。光敏电阻器一般用于光的测量、控制和光电转换（将光的变化转换为电的变化）。常用的光敏电阻器是硫化镉光敏电阻器，它是由半导体材料制成的，结构如图 1-11 所示。光敏电阻器的阻值随入射光线（可见光）的强弱变化而变化，在黑暗条件下，它的阻值（暗阻）可达 $1 \sim 10 M\Omega$；在强光条件（100lx）下，阻值（亮阻）仅有几百至数千欧姆。光敏电阻器对光的敏感性（即光谱特性）与人眼对可见光（$0.4 \sim 0.76 \mu m$ 波段）的响应很接近，只要人眼可感受的光，都会引起阻值的变化。

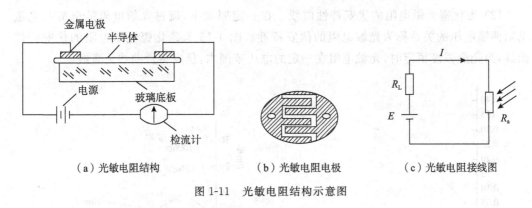

（a）光敏电阻结构　　　　（b）光敏电阻电极　　　　（c）光敏电阻接线图

图 1-11　光敏电阻结构示意图

1）光敏电阻的主要参数

（1）光电流、亮电阻。光敏电阻器在一定的外加电压下，光照时流过的电流称为光电流。外加电压与光电流之比称为亮电阻，常用"100lx"表示。

（2）暗电流、暗电阻。光敏电阻在一定的外加电压下，没有光照时流过的电流称为暗电流。外加电压与暗电流之比称为暗电阻，常用"0lx"表示（用照度计测量光的强弱，其单位为勒克斯 lx）。

（3）灵敏度。灵敏度指光敏电阻不受光照时的电阻值（暗电阻）与受光照时的电阻值

（亮电阻）的相对变化值。光敏电阻的暗阻和亮阻之间的比值大约为 1500：1，暗电阻的阻值越大其特性越好。暗电阻越大，亮电阻越小，它们的相对变化值越大，即亮电流越大，暗电流越小，光敏电阻的灵敏度越高。

（4）光谱响应。光谱响应又称光谱灵敏度，是指光敏电阻在不同波长的单色光照射下的灵敏度。若将不同波长下的灵敏度画成曲线，就可得到光谱响应的曲线。

（5）光照特性。光照特性是指光敏电阻输出的电信号随不同的光照强度而变化的特性。随着光照强度的增加，光敏电阻的阻值开始迅速下降。若进一步增大光照强度，则电阻值的变化幅度减小，然后逐渐趋向平缓。在大多数情况下，该特性为非线性。

（6）伏安特性曲线。在一定光照强度下，加在光敏电阻两端的电压与电流之间的关系称为伏安特性。在给定偏压下，若光照强度较大，则光电流也越大。在一定的光照强度下，所加的电压越大，光电流越大，而且无饱和现象。但是电压不能无限增大，因为任何光敏电阻都受额定功率、最高工作电压和额定电流的限制。超过最高工作电压和最大额定电流，可能导致光敏电阻永久性损坏。

（7）温度系数。光敏电阻的光电效应受温度影响较大，部分光敏电阻在低温下的光电灵敏度较高，而在高温下的灵敏度较低。

（8）额定功率。额定功率是指光敏电阻用于某种线路中所允许消耗的功率，当温度升高时，其消耗的功率随之降低。

2）几种不同材料光敏电阻的光谱特性

（1）硫化镉光敏电阻的光照特性。光敏电阻的光照特性描述的是光电流和光照强度之间的关系。不同材料光照特性是不同的，绝大多数光敏电阻的光照特性是非线性的。图 1-12 为硫化镉光敏电阻的光照特性。

（2）硫化镉光敏电阻的伏安特性曲线。在一定照度下，流过光敏电阻的电流与光敏电阻两端电压的关系称为光敏电阻的伏安特性。图 1-13 为硫化镉光敏电阻的伏安特性曲线，当光照强度恒定时，光敏电阻在一定的电压范围内，伏安特性曲线为直线。

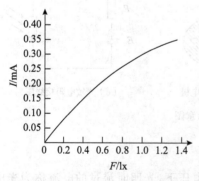

图 1-12　硫化镉光敏电阻的光照特性

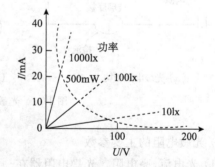

图 1-13　硫化镉光敏电阻的伏安特性曲线

4. 认识 DIY 模块

DIY 模块电路主要由两部分组成，分别是 DIY 板和 DIY 测试模块。如图 1-14 所示。

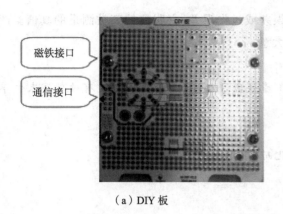

（a）DIY板

（b）DIY测试模块

图 1-14　模块电路

5. 数据处理基础知识

1）测量误差的表示方法

（1）绝对误差的计算公式为

$$\Delta x = x - A_0 \tag{1-2}$$

式中，A_0 的值是一个无法得到的理想值，实际应用中通常用实际值 A 来代替真值 A_0，实际值也称为约定真值。

（2）相对误差。通常用实际值 A 代替真值 A_0，得到实际相对误差 γ_A。计算公式为

$$\gamma_A = \frac{\Delta x}{A} \times 100\% \tag{1-3}$$

可以用测量值 x 代替实际值 A，由此得到实际相对误差 γ_x 为

$$\gamma_x = \frac{\Delta x}{x} \times 100\% \tag{1-4}$$

通常用绝对误差 ΔX 与该量程的满刻度值 x_m 之比表示相对误差，称为满度相对误差 γ_m。计算公式为

$$\gamma_m = \frac{\Delta x}{x_m} \times 100\% \tag{1-5}$$

在一个量程范围内出现的最大绝对误差 Δx_m 与该量程的满刻度值 x_m 之比表示最大满度相对误差 γ_{mm}。计算公式为

$$\gamma_{mm} = \frac{\Delta x_m}{x_m} \times 100\% \tag{1-6}$$

2）测量误差的分类

（1）系统误差。系统误差包括方法误差、仪器误差、操作误差、主观误差。方法误差是由分析方法本身造成的；仪器误差由仪器本身不够精确导致；操作误差是不正确的操作所引起的；主观误差是由分析人员本身的一些主观因素造成的。

（2）随机误差。其规律如下：① 绝对值相等的正的误差与负的误差出现机会相同；② 绝对值小的误差比绝对值大的误差出现的次数多；③ 误差不会超出一定的范围。

（3）粗大误差。粗大误差也称疏忽误差或过失误差，它明显偏离被测量的真值。产生这种误差的主要原因是操作者的疏忽大意。

注意：

（1）可以从有效数字的位数估计出测量误差，一般规定误差不超过有效数字末位单位的一半。

（2）"0"在最左侧为非有效数字。

（3）有效数字不能因选用单位的变化而变化。

3）数字舍入规则

数字舍入规则如下。

（1）小于5舍去，末位不变。

（2）大于5进1，在末位增1。

（3）等于5时，取偶数。

4）数字近似运算规则

（1）加减规则。①对参加加减运算的各项数字进行修约，使各数修约到比小数点后位数最少的那项数字多保留一位小数；②进行加减运算；③对运算结果进行修约，使小数点后的位数与原各项数字中小数点后位数最少的那项相同。

（2）乘除规则。乘除运算时，有效数字位数的取舍取决于有效数字最少的一项数字，而与小数点位置无关。

6. NEWLab 光电传感电路 DIY 模块

1）光电传感电路 DIY 板

光电传感电路 DIY 板如图 1-15 所示。

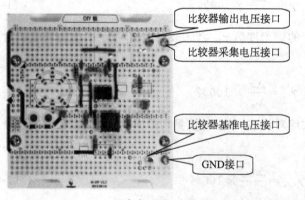

比较器输出电压接口
比较器采集电压接口
比较器基准电压接口
GND接口

（a）正面　　　　　（b）背面

图 1-15　光电传感电路 DIY 板

2）光电传感电路 DIY 模块

光电传感电路 DIY 板与 DIY 模块的连接示意图如图 1-16 所示。

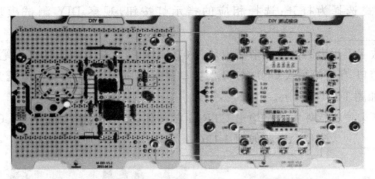

图 1-16　光电传感电路的 DIY 板与 DIY 模块的连接示意图

🖱 实验步骤

1. DIY 测试模块的测试

(1) 将 NEWLab 实验硬件平台通电并与计算机连接,如图 1-17(a)所示;将模式选择为自动模式,按下电源开关,启动实验平台,如图 1-17(b)所示。

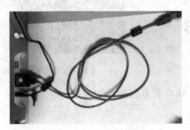
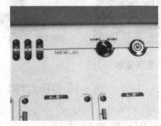

（a）通电并与计算机连接　　　　（b）启动 NEWLab 平台

图 1-17　NEWLab 平台参考图

(2) 将 DIY 测试模块接入 NEWLab 平台,选择一个平台模块,将 DIY 测试模块的磁铁接口、通信接口与实验平台的该模块相应接口一一对应,如图 1-18 所示。

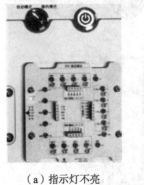

（a）指示灯不亮　　　　　　　（b）指示灯亮

图 1-18　DIY 测试模块工作实图

(3) 启动 NEWLab DIY 上位机软件平台,选择 COM3 端口(根据实际情况选择串口)

并将工作方式选择为打开;选择相应的指示灯按钮,观察 DIY 测试模块的情况是 _____。

（4）将数字万用表的挡位调节至电压挡(直流 V 挡),将万用表的红表笔插入模块的 J10 CTRL1 接口,黑表笔插入 GND(GND2)接口,测量 J10 CTRL1 接口的电压为 _____。测量参考图如图 1-19(a)所示。

（5）按下上位机软件中数字输出 CTRL1 的按钮,使输出为 0,测量 J10 CTRL1 接口的电压为 _____,测量参考图如图 1-19(b)。

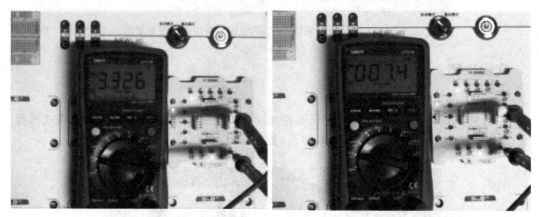

（a）数字量输出为 1   （b）数字量输出为 0

图 1-19   J10 CTRL1 接口的电压测量参考图

2. 光电传感 DIY 模块测试

1）启动光电传感电路 DIY 模块

将光电传感电路 DIY 板放置好,并将光电传感电路 DIY 板和 DIY 测试模块连接好,如图 1-20 所示。

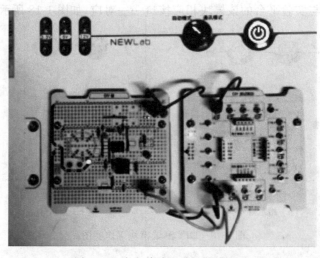

图 1-20   光电传感电路工作参考图

2）选择 NEWLab 实验 DIY 上位机软件平台

亮度传感电路需要设置亮度采集灵敏度的阈值,调零设置的方式如下。

(1) 调节电位器,改变比较器负端输入基准电压,从而改变基准亮度,使得光敏电阻感应环境的亮度比基准亮度高,电路绿色指示灯灭。

注意:后续测试不可再调节电位器。

(2) 将数字万用表的挡位调节至电压挡(直流 V 挡),将万用表的红表笔插入比较器基准电压测试接口,黑表笔插入 GND 接口,测量比较器负端的基准电压 U_S 为_____,测量实图参考图 1-21(a)。

注意:表笔与接口位置要相同,如果位置相反,则检测结果应为负数。

(3) 观测上位机界面,上位机显示的采集基准电压即 ADC1 的 U 值为_____,转换的 AD 即 ADC1 的 AD 值为_____。

(4) 观测上位机界面,上位机显示的采集基准电压即 ADC0 的 U 值为_____,转换的 AD 即 ADC0 的 AD 值为_____,数字量输入即 DIN0 显示为_____。

3）亮度正常时的测量

(1) 将万用表的红表笔插入比较器采集电压测试接口,挡位和黑表笔位置不变,测量比较器的采集电压 U_A 为_____,测量实图参考图 1-21(b)。

(2) 将万用表的红表笔分别插入比较器输出电压测试接口,挡位和黑表笔位置不变,测量比较器的输出电压 U_D 为_____,测量实图参考图 1-21(c)。

（a）测量图 1　　　　　　（b）测量图 2　　　　　　（c）测量图 3

图 1-21　亮度正常时测量参考图

(3) 观测上位机界面,上位机显示的采集基准电压即 ADC0 的 U 值为_____,转换的 AD 即 ADC0 的 AD 值为_____,数字量输入即 DIN0 显示为_____。

4）亮度变暗时的参数

(1) 利用挡片阻挡光敏电阻,观察电路的变化情况,绿色指示灯的工作状态为_____。

(2) 测量此时的比较器的采集电压 U_A 为_____,输出电压 U_D 为_____,测量实图参考图 1-22。

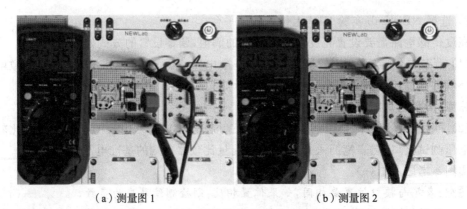

（a）测量图1   （b）测量图2

图 1-22 　亮度变暗时测量参考图

实验数据分析

（1）将上述测试结果填入表 1-2 中。

表 1-2 　光电传感模块的数据表

项　　目		亮度正常		亮度变暗	
		电压值/V	AD 值/LSB	电压值/V	AD 值/LSB
比较器基准电压					
比较器采集电压					
比较器输出电压		无		无	
绿色 LED 工作状态					
DIY 上位机	ADC0 电压				
	ADC1 电压				
	数字量输入				

（2）根据表 1-2 中的数据，分析以下问题

① 测量的电压和上位机显示的电压误差情况分析：＿＿＿＿＿＿＿＿＿＿＿＿＿＿

＿＿＿＿＿＿＿＿＿＿＿＿＿＿＿＿＿＿＿＿＿＿＿＿＿＿＿＿＿＿＿＿＿＿＿。

② 以所测量的电压为参考，AD 值的误差情况分析：＿＿＿＿＿＿＿＿＿＿＿＿＿

＿＿＿＿＿＿＿＿＿＿＿＿＿＿＿＿＿＿＿＿＿＿＿＿＿＿＿＿＿＿＿＿＿＿＿。

③ 以观测到的 AD 值为参考，电压的误差情况分析：＿＿＿＿＿＿＿＿＿＿＿＿＿

＿＿＿＿＿＿＿＿＿＿＿＿＿＿＿＿＿＿＿＿＿＿＿＿＿＿＿＿＿＿＿＿＿＿＿。

④ 比较器的作用是＿＿＿＿＿＿＿＿＿＿＿＿＿＿＿＿＿＿＿＿＿＿＿＿＿＿＿＿

＿＿＿＿＿＿＿＿＿＿＿＿＿＿＿＿＿＿＿＿＿＿＿＿＿＿＿＿＿＿＿＿＿＿＿。

⑤ 阈值与亮度感应的关系情况分析：＿＿＿＿＿＿＿＿＿＿＿＿＿＿＿＿＿＿＿＿

＿＿＿＿＿＿＿＿＿＿＿＿＿＿＿＿＿＿＿＿＿＿＿＿＿＿＿＿＿＿＿＿＿＿＿。

⑥ DIY 上位机数字量输出的状态对 DIY 测试模块的影响：＿＿＿＿＿＿＿＿＿＿

＿＿＿＿＿＿＿＿＿＿＿＿＿＿＿＿＿＿＿＿＿＿＿＿＿＿＿＿＿＿＿＿＿＿＿。

实验项目 2 热敏电阻的应用——温度传感器实验

建议课时:3

▶ 实验目的

（1）了解热敏电阻的工作原理。
（2）了解热敏电阻电路的工作特点。
（3）了解温度传感模块的原理并掌握其测量方法。

实验设备

NEWLab 实验平台、温度/光电传感模块、继电器模块、指示灯模块、风扇模块、万用表。

实验原理

热电传感技术是利用转换元器件电参量随温度变化的特征,对温度以及与温度有关的参量进行检测的技术。热电阻传感器将温度变化转化为电阻变化,其中金属热电阻式传感器简称为热电阻;半导体热电阻式传感器简称为热敏电阻;热电偶传感器将温度变化转换为热电动势变化。本书只介绍热敏电阻。

1. 热敏电阻的结构形式

图 2-1 为热敏电阻的实物图。

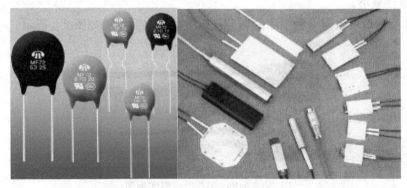

图 2-1 热敏电阻实物

2. 热敏电阻的温度特性

图 2-2 所示为热敏电阻的温度特性曲线。热敏电阻按电阻温度特性分为负温度系数热敏电阻(NTC)、正温度系数热敏电阻(PTC)和临界温度热敏电阻(CTR)三类。

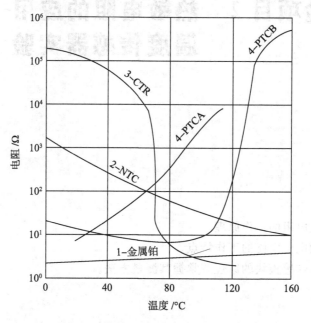

图 2-2　热敏电阻的温度特性曲线图

1) 正温度系数热敏电阻(PTC)

PTC(positive temperature coefficient)的含义是正的温度系数,泛指正温度系数较大的半导体材料或元器件。PTC 热敏电阻是一种典型的、具有温度敏感性的半导体电阻,超过一定的温度(居里温度)时,它的电阻值随温度的升高呈阶跃性增高。

2) 负温度系数热敏电阻(NTC)

NTC(negative temperature coefficient)的含义是负的温度系数,泛指负温度系数较大的半导体材料或元器件。通常提到的 NTC 是指负温度系数热敏电阻,简称 NTC 热敏电阻。NTC 热敏电阻是一种典型的、具有温度敏感性的半导体电阻,它的电阻值随温度的升高呈线性减小。

MF52 型热敏电阻是一种常见的 NTC 热敏电阻,其实物图如图 2-3 所示。

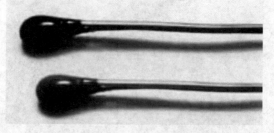

图 2-3　MF52 型热敏电阻实物图

3）临界温度热敏电阻（CTR）

临界温度热敏电阻（critical temperature resistor，CTR）具有负电阻突变特性，在某一温度下，电阻值随温度的增加急剧减小，具有很大的负温度系数。构成材料是钒、钡、锶、磷等元素氧化物的混合烧结体，是半玻璃状的半导体。CTR 也称为玻璃态热敏电阻，其骤变温度会因添加锗、钨、钼等氧化物发生改变。CTR 能够应用于控温报警等场景。

3. 热敏电阻输出特性的线性化处理

（1）线性化网络。它利用包含有热敏电阻的电阻网络（常称线性化网络）代替单个的热敏电阻，使网络电阻 R_t 与温度呈单值线性关系。一般形式如图 2-4 所示。

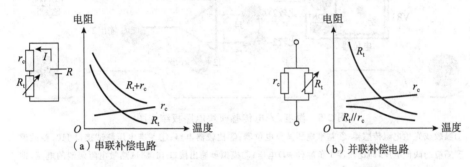

（a）串联补偿电路　　　　　　　　（b）并联补偿电路

图 2-4　线性关系

（2）利用测量装置中其他部件的特性进行修正。图 2-5 所示为温度—频率转换电路。虽然电容 C 的充电特性是非线性特性，但适当地选取线路中的电阻 R_2 和 R，可以在一定的温度范围内得到近于线性的温度—频率转换特性。

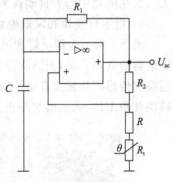

图 2-5　温度—频率转换电路

（3）计算修正法。在带有微处理器（或微计算机）的测量系统中，当已知热敏电阻器的实际特性和要求的理想特性时，可采用线性插值法将特性分段，并把各分段点的值存放在计算机的存储器内。计算机根据热敏电阻的实际输出值进行校正计算后，给出要求的输出值。

4. NEWLab 温度传感模块

1）温度/光电传感模块的电路板

温度/光电传感器通常由一个光敏电阻或光敏二极管组成，它们可以检测周围环境中的光照强度（温度）。当光照强度（温度）发生变化时，光敏电阻或光敏二极管的电阻值也会发生变化，从而产生一个可以检测到的信号。图 2-6 所示为温度/光电传感模块电路板结构图。

2）继电器模块电路

继电器是一种当输入量（电、磁、声、光、热）达到一定值时，输出量将发生跳跃式变化，使被控制的输出电路导通或断开的自动控制器件。

继电器是一种电子控制器件，它有控制系统（输入回路）和被控制系统（输出回路），通常应用于自动控制电路中。继电器实际上是用较小的电流控制较大电流的一种"自动开

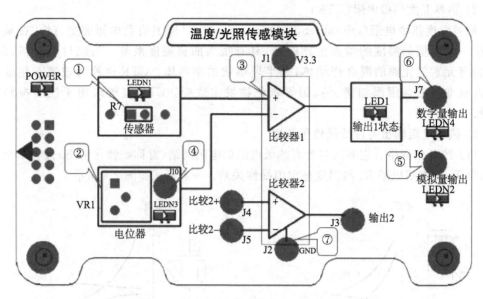

图 2-6　温度/光电传感模块电路板结构图

①温敏或光敏电阻传感器；②基准电压调节电位器；③比较器电路；④基准电压测试接口 J10，测试温
度感应的阈值电压，即比较器 1 负端（3 脚）电压；⑤模拟量输出接口 J6，测试热敏电阻两端的电压，即
比较器 1 正端（2 脚）电压；⑥数字量输出接口 J7，测试比较器 1 输出电平电压；⑦接地 GND 接口 J2

关"，其在电路中起着自动调节、安全保护、转换电路等作用。

3）指示灯模块和风扇模块

图 2-7 所示为指示灯和风扇实物图。指示灯模块接到继电器的常开开关，风扇接入
继电器的常闭开关，当温度传感模块输出低电平时，风扇模块工作，指示灯模块停止工作；
当温度传感模块输出高电平时，继电器工作，常开和常闭开关工作状态发生变化，指示灯
模块开始工作，风扇模块停止工作。

（a）指示灯

（b）风扇

图 2-7　指示灯、风扇

4）温度传感模块场景模拟界面

图 2-8 为温度传感模块场景模拟界面。

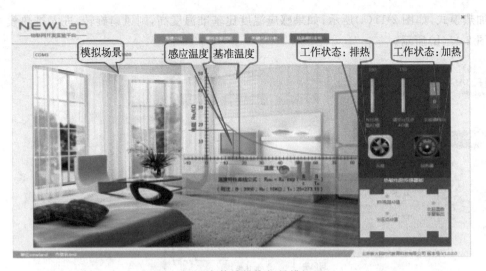

图 2-8　温度传感模块场景模拟界面

🖐 实验步骤

1. 启动温度传感模块

温度传感模块工作时需要四个模块,分别是温度/光电传感模块、继电器模块、指示灯模块、风扇模块,如图 2-9 所示。指示灯模块用于模拟加热设备,当温度过低时,指示灯亮,加热设备开始工作,使电路工作在加热模式。风扇模块用于模拟排热设备,当温度过高时,风扇旋转,排热设备开始工作,使电路工作在排热模式。

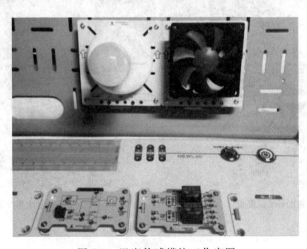

图 2-9　温度传感模块工作实图

(1) 将 NEWLab 实验硬件平台与计算机连接并通电。

(2) 将温度/光电传感模块、继电器模块分别插入 NEWLab 实验平台的实验模块插槽上,指示灯、风扇模块放置好,并将四个模块连接好,各个模块的连线情况参考图 2-10。

(3) 将模式选择调整到自动模式,按下电源开关,启动实验平台,温度传感模块开始工作。通过调节电位器可以改变基准温度,如果感应温度比基准温度低,则指示灯亮,进入加热模式,如图 2-11(a)所示;如果感应温度比基准温度高,则风扇旋转,进入排热模式,如图 2-11(b)所示。

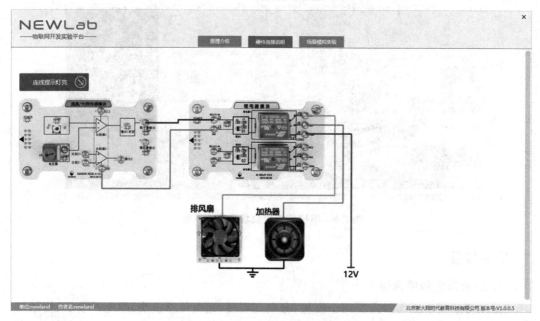

图 2-10 硬件连接参考图

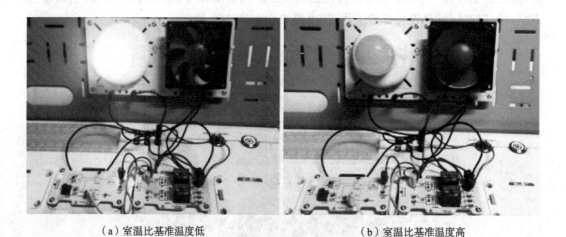

（a）室温比基准温度低   （b）室温比基准温度高

图 2-11 温度传感模块工作实图

（4）启动 NEWLab 实验上位机软件平台,选择温度传感实验。

（5）选择硬件并进行连接,上位机软件平台检测硬件通过,如图 2-12 所示。如果连线指示灯亮,则温度/光电传感模块的输出状态指示灯和继电器模块的输入状态指示灯开始闪烁,如图 2-12 所示。

（6）选择场景模拟实验,上位机软件测试硬件平台的温度传感模块正常工作,并进入工作界面。

图 2-12　指示灯亮时的硬件连接测试图

2. 测量实验

1) 设置基准温度的基准电压阈值

温度传感模块需要设置温度采集灵敏度的阈值,调零设置的方式如下。

(1) 调节电位器,改变比较器负端输入基准电压,从而改变基准温度,使热敏电阻感应环境的温度比基准温度低,指示灯模块的灯点亮,工作在加热模式,如图 2-11(a)所示。

注意:后续测试不可再调节电位器。

(2) 将数字万用表的挡位调节至电压挡(直流 V 挡),将万用表的红表笔插入 J10 基准电压测试接口,黑表笔插入 J2 GND 接口,测量比较器负端的基准电压 U_S 为_____,测量实图参考图 2-13(a)。

注意:表笔与接口位置要一致,如果位置相反,则检测结果数字应为负数。

(3) 观测场景模拟界面,采集基准电压转换的调节分压点 AD 值为_____。

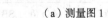

(a) 测量图 1　　　　(b) 测量图 2　　　　(c) 测量图 3

图 2-13　加热模式时正常温度测量参考图

2) 正常温度时的参数

(1) 将数字万用表的挡位调节至电压挡(直流 V 挡),红色表笔插入 J6 模拟量输出接口,将黑表笔插入 GND 接口,测量比较器正端输入电压,即温敏电阻两端的采集电压 U_A 为_____,测量实图参考图 2-13(b)。

（2）将数字万用表的挡位和黑表笔位置保持不变，红色表笔插入 J7 数字量输出接口，测量比较器输出电压 U_D 为_____。测量实图参考图 2-13(c)。

（3）观察场景模拟中的情况，此时采集电压转换的 NTC 电阻 AD 值为_____，比较器的输出状态为_____，工作状态指示灯为_____，基准温度的蓝色线和感应温度的红色线关系是_____。

3）加热升温时的参数

（1）利用加热设备让温度传感器受热，模拟温度上升的状态，电路进入排热模式。观察电路的变化情况，比较器输出指示灯的工作状态为_____，风扇的工作状态为_____。

（2）测量此时比较器的采集电压 U_A 为_____，输出电压 U_D 为_____，测量实图参考图 2-14。

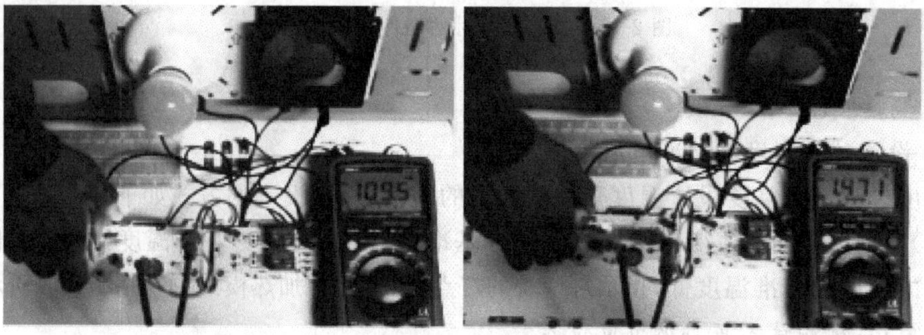

（a）测量图 1　　　　　　　　　　（b）测量图 2

图 2-14　升温时温度模块测量图

（3）观察场景模拟中的情况，此时基准电压 AD 值为_____，采集电压 AD 值为_____，比较器的输出状态为_____，工作状态指示灯为_____，基准温度的蓝色线和感应温度的红色线关系是_____。

（4）停止受热后，观察电路的变化和模拟场景的情况，并记录。

实验数据分析

（1）将上述测试结果填入表 2-1 中。

表 2-1　温度传感模块的数据表

项　　目	加热模式温度正常		受热升温后的排热模式	
	电压值/V	AD 值/LSB	电压值/V	AD 值/LSB
J10 基准电压				
J6 模拟量输出				
J7 数字量输出	无		无	
风扇工作状态				

续表

项　目		加热模式温度正常		受热升温后的排热模式	
		电压值/V	AD 值/LSB	电压值/V	AD 值/LSB
比较器输出指示灯工作状态					
场景模拟中的 参数	比较器输出状态				
	工作状态指示				
	温度特性曲线				
停止受热后的情况					

(2) 根据表 2-1 中的数据,分析以下问题。

① 以所测量的电压为参考,AD 值的误差情况分析:_____

_____。

② 以观测到的 AD 值为参考,电压的误差情况分析:_____

_____。

③ 比较器 1 的作用是_____。

④ 阈值与温度感应的关系情况分析:_____

_____。

实验项目 3　压电传感器的应用——压电传感器实验

建议课时：3

实验目的

（1）了解压电传感器的检测原理。

（2）掌握压电传感器的检测电路及检测方法。

（3）了解压电传感模块的原理并掌握其测量方法。

实验设备

NEWLab 实验平台、压电传感模块、万用表。

实验原理

压电传感器是将材料的被测量变量转换成受机械力产生静电电荷或电压变化的传感器，是一种典型的、有源的、双向机电能量转换型或自发电型传感器。压电元件是机电转换元件，它可以测量最终能变换为力的非电物理量，例如力、压力、加速度等。

1. 压电传感器的工作原理

1）压电效应

如图 3-1 所示，某些电介质在特定方向上受到外力的作用而变形时，其内部会产生极化现象，同时在它两个相对的表面会出现正负相反的电荷；当外力去掉后，又会恢复到不带电的状态，这种现象称为正压电效应。当作用力的方向改变时，电荷的极性也随之改变。相反，当在电介质的极化方向上施加电场，这些电介质也会发生变形，电场去掉后，电介质的变形随之消失，这种现象称为逆压电效应。

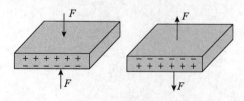

图 3-1　压电效应示意图

表达这一关系的压电方程为

$$Q = d \cdot F \tag{3-1}$$

式中，F 为作用的外力；Q 为产生的表面电荷；d 为压电系数，是描述压电效应的物理量。

2）等效电路

等效是指将电路中某一比较复杂的结构用一种比较简单的结构代替，代替之后的电路与原电路对未变换的部分（或称外部电路）保持相同的作用。

其电容量为

$$C_a = \frac{\varepsilon S}{\delta} = \frac{\varepsilon_r \varepsilon_0 S}{\delta} \tag{3-2}$$

式中，S 为压电元件电极面的面积；δ 为压电元件厚度；ε 为压电材料的介电常数，它随材料的不同而不同，如锆钛酸铅；ε_r 为压电材料的相对介电常数；ε_0 为真空介电常数。

压电式传感器等效电路如图 3-2 所示，其真空介电常数为 $\varepsilon_0 = 8.85 \times 10^{-12}\,\text{F/m}$。

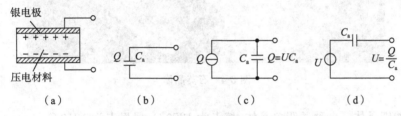

图 3-2 压电式传感器等效电路

压电传感器的实际等效电路如图 3-3 所示。

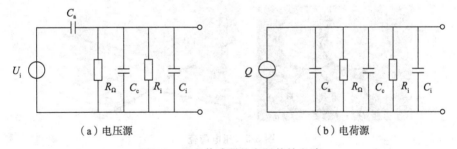

图 3-3 压电传感器的实际等效电路

2. 压电材料

1）压电材料选择的原则

选择压电材料时，应符合以下原则。

（1）应具有较大的压电常数。

（2）压电元件机械强度高、刚度大并具有较高的固有振动频率。

（3）具有较高的电阻率和较大的介电常数，以减少电荷的泄漏以及外部分布电容的影响，从而获得良好的低频特性。

(4) 具有较高的居里点。居里点是指在压电性能破坏时的温度转变点。居里点高可以得到较宽的工作温度范围。

(5) 压电材料的压电特性应不随时间改变，有较好的时间稳定性。

2) 常见的压电材料

压电材料可以分为压电晶体、压电陶瓷和高分子压电材料。

(1) 压电晶体。常见的压电晶体有石英晶体和铌酸锂晶体等。

① 石英晶体。一种主要由二氧化硅(SiO_2)组成的矿物质，具有较高的硬度、透明度、稳定性和压电性，如图 3-4 所示。

图 3-4 石英晶体

② 铌酸锂晶体。一种透明单晶体，熔点为 1250℃，居里点为 1210℃。

(2) 压电陶瓷。一种常见的压电材料，压电陶瓷具有烧制方便、耐高温、易于成型的特点，如图 3-5 所示

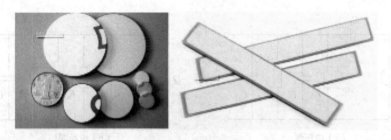

图 3-5 压电陶瓷

(3) 高分子压电材料。这类材料具有柔韧性好、密度低、低阻抗等特点，主要用于制作压电薄膜传感器。

压电薄膜传感器的不同结构图如图 3-6 所示。

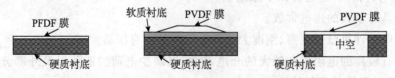

图 3-6 压电薄膜传感器的不同结构

LDT0-028K 压电薄膜传感器如图 3-7 所示。

图 3-7 LDT0-028K 压电薄膜传感器

3. 压电传感器的测量电路

压电元件是一个有源电容器,因此也存在与电容式传感器相同的问题,即内阻抗很高,而输出的信号微弱,因此一般不能直接显示和记录数值。

由于压电元件既可看作电压源,又可看作电荷源,所以前置放大器有两种:一种是电压放大器,其输出电压与输入电压(即压电元件的输出电压)成正比;另一种是电荷放大器,其输出电压与输入电荷成正比。

1) 电压放大器

压电式传感器接电压放大器的等效电路图如图 3-8 所示。

如果压电元件受到交变正弦力的作用,其压电系数为 d,则在压电元件上产生的电压为

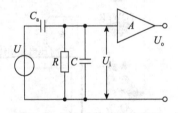

图 3-8 压电式传感器接电压
放大器的等效电路图

$$U = \frac{dF_m}{C_a}\sin\omega t \qquad (3\text{-}3)$$

式中,d 为压电系数;F_m 为最大交变正弦力;C_a 为传感器的固有电容。

在放大器输入端形成的电压为

$$U_i \approx \frac{d}{C_i + C_c + C_a}F \qquad (3\text{-}4)$$

式中,U_i 为放大器输入电压;C_i 为输入电容;C_c 为电缆电容;C_a 为传感器的固有电容;F 为交变正弦力。

2) 电荷放大器

压电式传感器接电荷放大器的等效电路如图 3-9 所示。

放大器输出电压的表达式为

$$U_o = -\frac{Q}{C_f} \qquad (3\text{-}5)$$

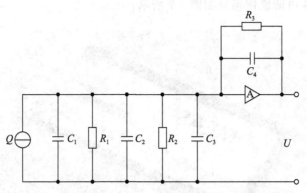

图 3-9 压电式传感器接电荷放大器的等效电路图

式中,Q 为输入电荷量;C_f 为反馈电容。

电荷放大器灵敏度的表达式为

$$K=\frac{U_\circ}{Q}=-\frac{1}{C_f} \tag{3-6}$$

4. NEWLab 压电传感模块

NEWLab 压电传感器模块如图 3-10 所示。

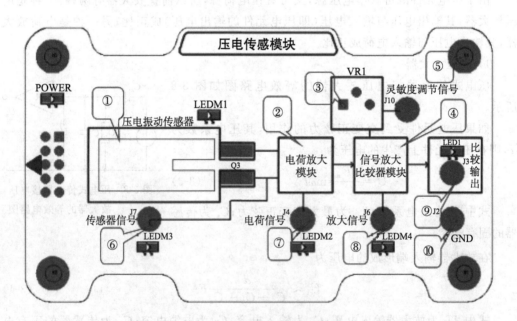

图 3-10 NEWLab 压电传感模块

①LDT0-028K 压电薄膜传感器;②电荷放大模块电路;③灵敏度调节电位器;④信号放大比较器模块;⑤灵敏度调节信号接口 J10,测量灵敏度调节点位器可调端的输出电压,即比较器 1 正端(3 脚)的输入电压;⑥传感器信号接口 J7,测量压电传感器的输出信号;⑦电荷信号接口 J4,测量电荷放大模块的输出信号;⑧放大信号接口 J6,测量信号放大电路输出信号,即比较器 1 负端(2 脚)的输入信号;⑨比较输出接口 J3,测试信号放大比较器模块的输出信号;⑩接地 GND 接口 J2。

1）电荷放大模块

电荷放大模块电路图如图 3-11 所示。

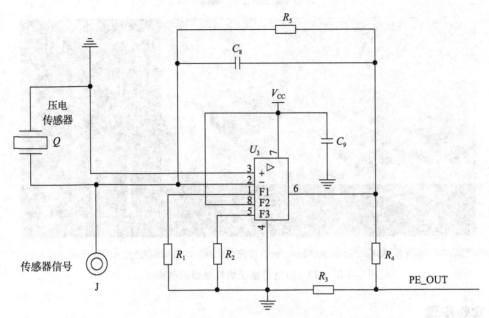

图 3-11　电荷放大模块电路图

2）比较器模块

比较器模块电路图如图 3-12 所示。

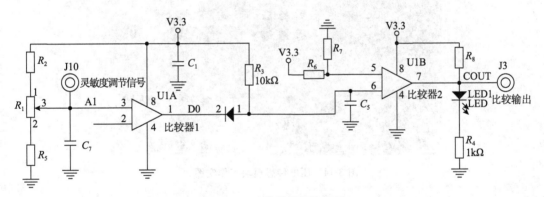

图 3-12　比较器模块电路图

3）压电传感模块场景模拟界面

压电传感模块场景模拟界面主要包括 5 个部分，模拟场景、压电特性曲线、放大信号和灵敏度调节信号 AD 值、模拟车速检测的参数、比较器输出状态，如图 3-13 所示。

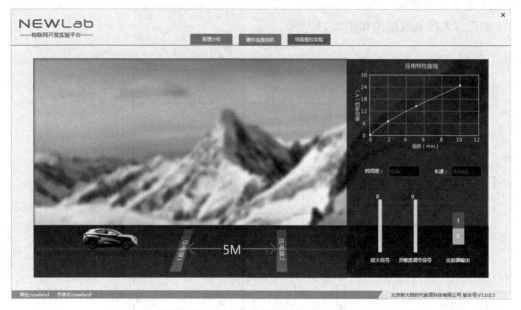

图 3-13　压电传感模块场景模拟界面

🖐 实验步骤

1. 振动实验模块的启动

振动实验模块的启动:压电传感模块工作实图如图 3-14 所示。

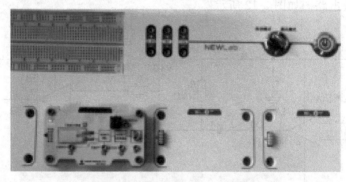

图 3-14　压电传感模块工作实图

(1) 将 NEWLab 实验硬件平台通电并与计算机连接。

(2) 将压电传感模块放置在 NEWLab 实验平台的一个实验模块插槽上。

(3) 将模式选择调整到自动模式,按下电源开关,启动实验平台,使压电传感模块开始工作。

(4) 启动 NEWLab 实验上位机软件平台,选择压电传感器。

(5) 选择硬件连接,并在上位机软件平台检测硬件,如图 3-15 所示。

(6) 选择场景模拟实验,上位机软件测试硬件平台的压电传感模块正常工作,并进入工作界面。

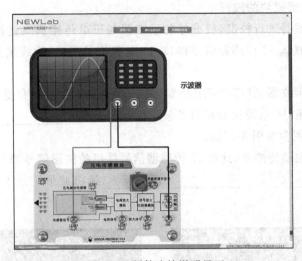

图 3-15　硬件连接说明界面

2. 测量实验

1) 设置压力灵敏度阈值

压电传感模块需要设置压力灵敏度的阈值,调零设置的方式如下。

(1) 将数字万用表的挡位调节至电压挡(直流 V 挡),将万用表的红表笔接入模块的 J10 灵敏度接口,黑表笔接入 J2 GND 接口,对电路进行调零操作。

注意:表笔与接口位置要相同,如果位置相反,则检测结果数字应为负数。

(2) 调节可调电阻 VR1,使得比较输出的 LED 灯灭,设置压力灵敏度的阈值。测量 J10 灵敏度调节信号电压值为＿＿＿＿＿＿,调零测试参考图 3-16。

注意:压力灵敏度的阈值不要设置得太高,以免影响测试效果。

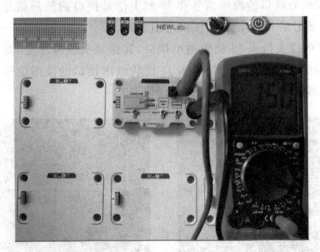

图 3-16　调零测试参考图

(3) 观测场景模拟界面,灵敏度调节信号 AD 值为＿＿＿＿＿＿＿＿。

注意:后续测试不可再调节电位器。

2) 测试压电传感模块的波形

（1）将数字示波器进行校准，校准好的示波器与压电传感模块连接。将示波器的两个通道的探头分别接入 J7 传感器信号接口、J4 电荷信号接口，地线接头和 J2 GND 接口连接好。

（2）按下数字示波器 AUTOSET 按钮，进行自动测量。当没有受力时，J7 传感器信号接口的波形信号和 J4 电荷信号接口的波形信号情况是 ＿＿＿＿＿＿＿＿＿

＿＿＿＿＿＿。测试实图参考图 3-17(a)。

（3）敲击压电振动传感器，此时 J7 传感器信号接口的波形信号和 J4 电荷信号接口的波形信号情况是 ＿＿＿＿＿＿＿＿＿＿＿＿＿＿，请将波形记录下来，测试实图参考图 3-17(b)。

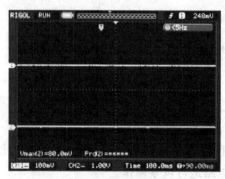 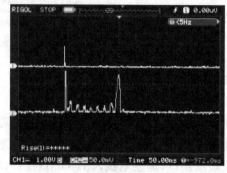

（a）不受力时信号波形图　　　　　　　（b）受力时信号波形图

图 3-17　J7 传感器信号和 J4 电荷信号的波形测试参考图

（4）将通道 2 的探头接入 J6 放大信号接口，其他接头保持不变，敲击压电振动传感器，此时 J7 传感器信号接口的波形信号和 J6 放大信号接口的波形信号情况是 ＿＿＿＿＿

＿＿＿＿＿＿，请将波形记录下来，测试实图参考图 3-18。

（5）将通道 2 的探头接入 J3 比较输出接口，其他接头保持不变，敲击压电振动传感器，此时 J7 传感器信号接口的波形信号和 J3 比较输出接口的波形信号情况是 ＿＿＿＿＿

＿＿＿＿＿＿，请将波形记录下来，测试实图参考图 3-19。

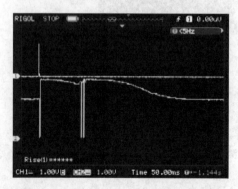 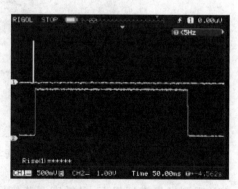

图 3-18　受力时 J6 放大信号接口的波形　　　　图 3-19　受力时 J3 比较输出接口的波形

3）测量不受力时的参数

（1）万用表的挡位调节至电压挡（直流 V 挡），将红表笔移到 J6 放大信号接口，黑表笔接入 J2 GND 接口，测量 J6 放大信号的电压为＿＿＿＿＿＿＿＿＿＿＿。测试实图参考图 3-20(a)。

注意：表笔与接口位置要相同，如果位置相反，则检测结果数字应为负数。

（2）将红表笔接入 J3 比较输出接口，挡位和黑表笔位置不变，测量 J3 比较输出信号电压为＿＿＿＿＿＿＿＿＿，测试实图参考图 3-20(b)。

（3）观察场景模拟界面的情况，界面中放大信号 AD 值为＿＿＿＿＿，比较器输出状态为＿＿＿＿＿，时间差为＿＿＿＿＿，车速为＿＿＿＿＿，模拟场景中车辆情况为＿＿＿＿＿＿＿＿＿＿＿＿＿。

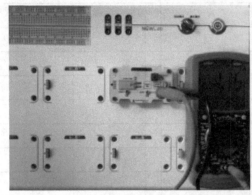 

（a）J6 放大信号的电压测量　　　　　　（b）J3 比较输出信号的电压测量

图 3-20　不受力时压电传感 J6/J3 测试参考图

4）测量受力时的参数

（1）测量此时 J6 放大信号的电压为＿＿＿＿＿＿＿＿＿＿，J3 比较输出信号的电压为＿＿＿＿＿＿＿＿＿，比较输出 LED 灯状态为＿＿＿＿＿＿＿＿＿，测试实图参考图 3-21。

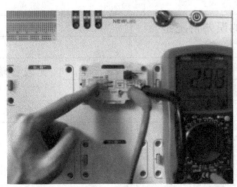 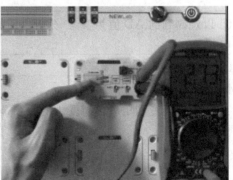

（a）J6 放大信号的电压测量　　　　　　（b）J3 比较输出信号的电压测量

图 3-21　受力时压电传感器电压测试参考图

（2）观察场景模拟界面的情况，界面中放大信号 AD 值为_____，比较器输出状态为_____，时间差为_____，车速为_____，模拟场景中车辆情况为_____。

📋 实验数据分析

（1）将上述测试结果填入表 3-1。

表 3-1　压电传感模块的数据表

项　　目	不受力		受力时	
	电压值/V	AD 值/LSB	电压值/V	AD 值/LSB
J10 灵敏度调节信号				
J6 放大信号				
J3 比较输出		无		无
比较输出 LED 状态				
场景（比较器输出）				
场景（时间差）				
场景（车速）				
场景（汽车状态）				
J7 传感器信号波形				
J4 电荷信号波形				
J6 信号放大波形				
J3 比较输出波形				

（2）根据表 3-1 中的数据，分析以下问题。

① 以所测量的电压为参考，分析 AD 值的误差情况是_____
_____。

② 以观测到的 AD 值为参考，分析电压的误差情况是_____
_____。

③ 比较器的作用是_____。比较器输出电平情况分析：_____。

④ 灵敏度设置和压电传感受力的关系是_____。

实验项目 4　温湿度传感器的应用
——温湿度传感器实验

建议课时:3

▶ 实验目的

(1) 了解湿度传感器的检测原理。

(2) 了解湿度传感器的检测电路及检测方法。

(3) 了解湿度传感模块的原理并掌握其测量方法。

实验设备

NEWLab 实验平台、压电传感模块、湿度传感模块、数字示波器。

实验原理

1. 湿敏传感器

湿敏传感器是能够感受外界湿度变化,并通过器件材料的物理或化学性质变化,将湿度转化成有用信号的器件。湿度检测较之其他物理量的检测显得困难,这首先是因为空气中水蒸气含量要比空气少得多;其次,液态水会使一些高分子材料和电解质材料溶解,一部分水分子电离后与溶入水中的杂质结合成酸或碱,使湿敏材料不同程度地受到腐蚀和老化,从而丧失其原有的性质;再者,湿度信息的传递必须靠水对湿敏器件直接接触来完成,因此湿敏器件只能直接暴露于待测环境中,不能密封。通常,对湿敏器件有下列要求:在各种气体环境下稳定性好、响应时间短、寿命长、有互换性、耐污染和受温度影响小等。微型化、集成化及廉价是湿敏器件的发展方向。

1) 绝对湿度(AH)与相对湿度(RH)

绝对湿度是在给定温度下,单位体积空气中存在的水蒸气量。它是一个通常以克每立方米(g/m^3)表示的比率。另一种理解它的方法是空气中水分的质量分数,它等于水蒸气的质量除以给定温度下一定体积空气中的干燥空气质量。

相对湿度也是一个比率,但它以百分比表示。RH 是在给定温度和压力下空气中的绝对湿度与饱和绝对湿度的比值。0%RH 是干燥的空气。100%RH 意味着空气中的水蒸气饱和并凝结。

湿空气温度和水蒸气的密度的关系式为

$$\rho_v = \frac{p_v m}{RT} \tag{4-1}$$

式中，ρ_v 为水蒸气的密度；p_v 为水蒸气的分压力；m 为水汽的摩尔质量；R 为摩尔气体普适常数；T 为绝对温度。

2）露点

露点是气体或蒸汽凝结成液体的温度和压力。它以华氏度或摄氏度表示。当露点等于环境温度时，相对湿度为 100%。

3）湿敏传感器的分类

(1) 电解质湿敏元件。电解质湿敏元件是利用潮解性盐类受潮后电阻发生变化的原理制成的湿敏元件。

(2) 半导体陶瓷湿敏传感器。半导体陶瓷是一种无机非金属材料，它是由数种金属氧化物利用陶瓷工艺（压制成型、高温烧结）形成的一种多晶体材料。它之所以称为半导体陶瓷，是因为采用的是陶瓷加工工艺。其组织结构是很多细小的晶体，和陶瓷的内部结构相同。半导体陶瓷材料中晶体的形成类似于半导体掺杂，它不是单元素硅、锗、硒等半导体材料，也不是化合物（砷化镓、硫化锌等）单晶体特性所表现的半导体材料；它是由数种金属氧化物在高温下形成的一种多晶体材料，其电阻抗介于绝缘体和金属导体之间。随着晶体结构的不同，其电阻抗会随着外界条件（温度、光照、电场、其他氛围）发生显著的变化，因此可以将外界环境的物理信号转化为电信号。

(3) 高分子材料湿敏元件。利用有机高分子材料的吸湿性能与膨润性能制成的湿敏元件。吸湿后，介电常数发生明显变化的高分子电介质，可做成电容式湿敏元件。吸湿后电阻值改变的高分子材料，可做成电阻变化式湿敏元件。

4）湿敏传感器的选型

(1) 精度和长期稳定性。湿度传感器的精度应达到 ±(0.1%～0.8%)RH，达不到这个水平很难作为计量器具使用，湿度传感器要达到 ±(2%～3%)RH 的精度是比较困难的，通常产品资料中给出的特性是在常温[(20±10)℃]和洁净的气体中测量的。在实际使用中，由于尘土、油污及有害气体的影响，当使用时间较长时，会产生老化，精度下降的现象。湿度传感器的精度水平要结合其长期稳定性去判断，一般来说，长期稳定性和使用寿命是影响湿度传感器质量的头等问题，年漂移量控制在 1%RH 水平的产品很少，一般都在 ±2%RH 左右，甚至更高。

(2) 湿敏传感器的温度系数。湿敏元件除对环境湿度敏感外，对温度也十分敏感，其温度系数一般在 (0.2%～0.8%)RH/℃ 范围内，而且有的湿敏元件在不同的相对湿度下，其温度系数又有差别。采用单片机软件补偿或无温度补偿的湿度传感器是保证不了全温范围的精度的，湿度传感器温漂曲线的线性化直接影响到补偿的效果，非线性的温漂往往补偿不出较好的效果，只有采用硬件温度跟随性补偿才会获得真实的补偿效果。湿度传感器工作的温度范围也是重要参数。多数湿敏元件难以在 40℃ 以上正常工作。

(3) 湿敏传感器的供电。金属氧化物陶瓷、高分子聚合物和氯化锂等湿敏材料施加直流电压时，会导致性能变化，甚至失效，所以这类湿度传感器不能用直流电压或有直流成分的交流电压,须交流电供电。

(4)互换性。湿度传感器普遍存在互换性差的现象,同一型号的传感器不能互换,严重影响了使用效果,给维修、调试增加了困难,有些厂家在这方面做出了努力,取得了较好的效果。

(5)湿度校正。校正湿度要比校正温度困难得多。温度标定往往用一根标准温度计作标准即可,而湿度的标定标准较难实现,干湿球温度计和一些常见的指针式湿度计是不能用来作标定的,精度无法保证,因为其对环境条件的要求非常严格。

2. 湿敏传感器测量电路

1)电源选择

(1)一切电阻式湿度传感器都必须使用交流电源,否则性能会劣化甚至失效。

(2)电解质湿度传感器的电导是靠离子的移动实现的,在直流电源作用下,正、负离子必然向电源两极运动,产生电解作用,使感湿层变薄甚至被破坏;在交流电源作用下,正、负离子往返运动,不会产生电解作用,感湿膜不会被破坏。

(3)在不产生正、负离子定向积累的情况下,尽可能使交流电源的频率低一些。在高频情况下,测试引线的容抗明显下降会使湿敏电阻短路。另外,湿敏膜在高频下也会产生集肤效应,阻值发生变化,影响测湿灵敏度和准确性。

2)温度补偿

湿度传感器具有正或负的温度系数,其温度系数大小不一,工作温区有宽有窄。所以要考虑温度补偿问题。对于半导体陶瓷传感器,其电阻与温度的关系一般为指数函数关系,其温度关系通常属于NTC型,即

$$R = R_0 \exp\left(\frac{B}{T} - AH\right) \tag{4-2}$$

式中,R_0 为 $T=0℃$、相对湿度 $H=0$ 时的阻值;B 为温度常数;T 为绝对温度;A 为湿度常数;H 为相对湿度。

3)线性化

湿度传感器的感湿特征量与相对湿度之间的关系不是线性的,这给湿度的测量、控制和补偿带来了困难。需要通过一种变换使感湿特征量与相对湿度之间的关系线性化。

4)电阻式湿度传感器的测试电路

(1)电桥电路。振荡器对电路提供交流电源。电桥的一臂为湿度传感器,由于湿度变化使湿度传感器的阻值发生变化,于是电桥失去平衡,产生信号输出,放大器可把不平衡信号加以放大,整流器将交流信号变成直流信号,由直流毫安表显示。振荡器和放大器都由9V直流电源供给。电桥法适合于氯化锂湿度传感器。电桥测试电路如图4-1所示。

(2)欧姆定律电路。此电路适用于可以流经较大电流的陶瓷湿度传感器。由于测湿电路可以获得较强信号,故可以省去电桥和放大器,可以用市电作为电源,只要用降压变压器即可。其电路图如图4-2所示。

5)电容式湿度传感器的测试电路

线性电压输出式湿度测量电路如图4-3所示。

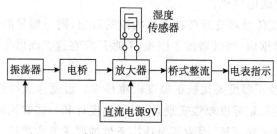

图 4-1　电桥测试电路

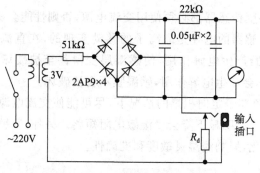

图 4-2　欧姆定律电路

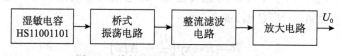

图 4-3　线性电压输出式湿度测量电路

线性频率输出式相对湿度测量电路如图 4-4 所示。

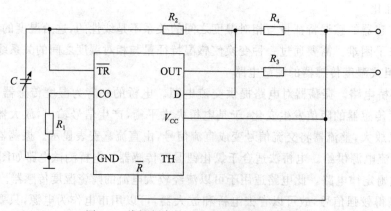

图 4-4　线性频率输出式相对湿度测量电路

3. NEWLab 湿度传感器模块

（1）湿度传感器模块电路板如图 4-5 所示。

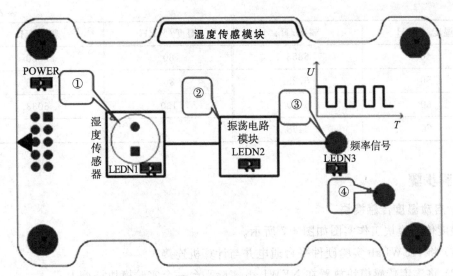

图 4-5 湿度传感器模块电路板

①湿度传感器 HS1101；②振荡电路模块；③频率信号接口 J4；④接地 GND 接口 J2。

（2）湿度传感器模块电路如图 4-6 所示。

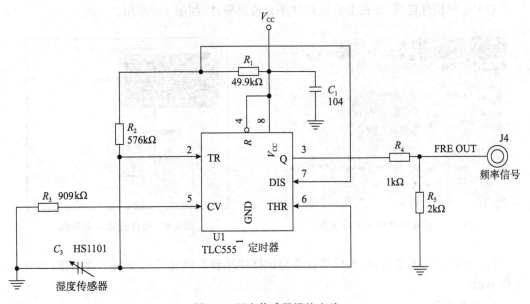

图 4-6 湿度传感器模块电路

湿度和电压频率的关系如表 4-1 所示。

表 4-1 湿度和电压频率的关系

湿度/%RH	频率/Hz	湿度/%RH	频率/Hz
0	7351	20	7100
10	7224	30	6976

续表

湿度/%RH	频率/Hz	湿度/%RH	频率/Hz
40	6853	80	6330
50	6728	90	6186
60	6600	100	6033
70	6468		

实验步骤

1. 启动湿度传感模块

湿度传感模块工作实图如图 4-7 所示。

（1）将 NEWLab 实验硬件平台通电并与计算机连接。

（2）将湿度传感模块放置在 NEWLab 实验平台一个实验模块插槽上。

（3）将模式选择调整到自动模式，按下电源开关，启动实验平台，使湿度传感模块开始工作。

（4）启动 NEWLab 实验上位机软件平台，选择湿度传感。

（5）选择硬件连接，并在上位机软件平台检测硬件，如图 4-8 所示。

图 4-7　湿度传感模块工作实图

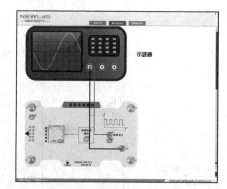

图 4-8　硬件连接说明界面

（6）选择场景模拟实验，上位机软件测试硬件平台的声音传感模块正常工作，并进入工作界面。

2. 测量实验

1）常温室内环境的参数

（1）将数字示波器进行校准，校准好的示波器与声音模块连接，参考图 4-8。将示波器的一个通道的探头接入 J4 频率信号接口，地线接头和 J2 GND 接口连接好。

（2）按下数字示波器 AUTOSET 按钮，进行自动测量。常温室内环境下，观测 J4 频率信号接口的波形信号情况，并记录下波形，其波形幅度为_____，频率为_____，波形正脉宽为_____，负脉宽为_____，脉冲占空比为_____，测试实图参考图 4-9(a)。

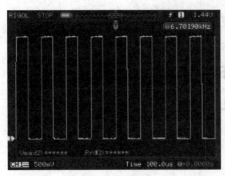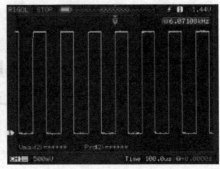

（a）常温室内环境　　　　　　　　　（b）增加环境湿度

图 4-9　J4 频率信号波形测试参考图

2）改变湿度环境时的参数

（1）给湿度传感器增加湿度：对着传感器吹气，适当增加水汽浓度。

（2）测量此时振荡电路模块的输出频率信号波形，并记录波形，其波形幅度为_____，频率为_____，波形正脉宽为_____，负脉宽为_____，脉冲占空比为_____，测量实图参考图 4-9（b）。

（3）环境湿度降低：停止吹气，让湿度自然降低。

（4）测量此时振荡电路模块的输出频率信号波形情况为_____。

（5）可重复（3）～（4），多次测量对应的波形。

（6）观察场景模拟界面，调整湿度，观察图形曲线、输出波形和模拟界面的变化。

实验数据分析

（1）将上述测试结果填入表 4-2。

表 4-2　湿度传感模块的数据表

项　　　目	频率/Hz	脉冲占空比/μs	波形图
正常环境湿度时			
湿度较高时			
其他湿度情况 1			
其他湿度情况 2			

（2）根据表 4-2 中的数据，分析以下问题

① 湿度与频率的关系是_____。

② 湿度与脉冲占空比的关系是_____。

③ 电路中充放电电容与频率的关系是_____。

④ 电路中充放电电容与脉冲占空比的关系是_____。

实验项目 5　光电传感器的应用
——红外传感器实验

建议课时：3

⏩ 实验目的

（1）了解光电效应。

（2）了解光敏二极管、光敏晶体管的工作原理。

（3）了解红外光电传感器的结构和工作原理。

（4）了解红外传感模块的原理并掌握其测量方法。

🛠 实验设备

NEWLab 实验平台、红外传感模块、万用表。

📦 实验原理

光电传感器是将光通量转换为电量的一种传感器，它的基础是光电转换元件的光电效应。

1. 光电效应

光电效应是光电器件的理论基础。光可以认为是由具有一定能量的粒子（一般称为光子）所组成的，而每个光子所具有的能量 E 与其频率大小成正比。通常把光线照射到物体表面后产生的光电效应分为外光电效应、内光电效应和半导体光生伏特效应三类。

2. 光敏晶体管的工作原理

1）光敏二极管

光敏二极管和普通二极管相比，虽然都属于单向导电的非线性半导体器件，但在结构上有其特殊的地方，光敏二极管是基于半导体光生伏特效应的原理制成的光敏元件。光敏二极管符号和电器图如图 5-1 所示。

2）光敏三极管

（1）工作原理。它和普通三极管相似，也有电流放大作用，只是它的集电结电流不仅受基极电路和电流控制，同时也受光辐射的控制。通常基极不引出，但是也有一些光敏三极管的基极有引出，用于温度补偿和附加控制等作用。

光敏三极管如图 5-2 所示。

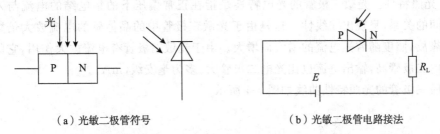

（a）光敏二极管符号　　　　　　（b）光敏二极管电路接法

图 5-1　光敏二极管符号和电路图

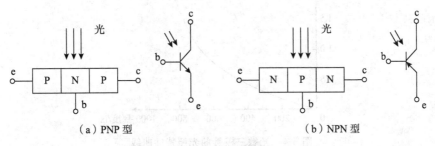

（a）PNP 型　　　　　　　（b）NPN 型

图 5-2　光敏三极管

（2）光敏三极管的基本特性包括光谱特性、伏安特性、光照特性和温度特性。

① 光谱特性。光敏三极管由于使用的材料不同，分为锗光敏三极管和硅光敏三极管，使用较多的是硅光敏三极管。光敏三极管的光谱特性与光敏二极管是相同的。

光敏三极管的光谱特性曲线如图 5-3 所示。

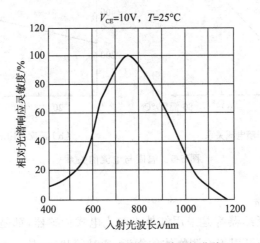

图 5-3　光敏三极管的光谱特性曲线

② 伏安特性。光敏三极管与一般光电二极管不同，光敏三极管必须在有偏压且要保证光敏三极管的发射结处于正向偏置，而集电结处于反向偏压的情况下才能工作。入射到光敏三极管的照度不同，其伏安特性曲线稍有不同，但随着电压升高，输出电流均逐渐

达到饱和。

③ 光照特性。光敏三极管的光电特性是指在正常偏压下的集电结的电流与入射光照度之间的关系,呈现出非线性。这是由于光敏三极管中的晶体管的电流放大倍数不是常数的缘故,照度随着光电流的增大而增大。由于光敏三极管有电流放大作用,它的灵敏度比光电二极管高,输出电流也比光电二极管大,多为毫安级(mA)。

光敏三极管的光照特性曲线如图 5-4 所示。

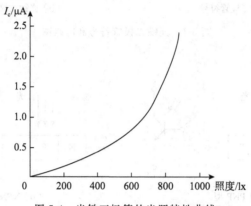

图 5-4　光敏三极管的光照特性曲线

④ 温度特性。温度对光敏三极管的暗电流及光电流都有影响。由于光电流比暗电流大得多,在一定温度范围内温度对光电流的影响比对暗电流的影响要小。温度与电流的关系如图 5-5 所示。

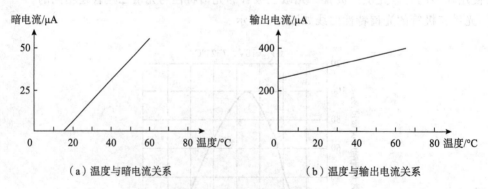

（a）温度与暗电流关系　　　　　　　（b）温度与输出电流关系

图 5-5　温度与电流的关系

3. 红外光电传感器

光电开关和光电断续器都是采用红外光的光电式传感器,都是由红外发射元件与光敏接收元件组成。它们可用于检测物体的靠近、通过等状态,是一种用于数字量检测的常用器件。如果配合继电器,就构成了一种电子开关。

基本光电开关电路如图 5-6 所示。

从原理上讲,光电开关和光电断续器没有太大的差别,光电断续器可以分为对射型和反射型两种,如图 5-7 所示。

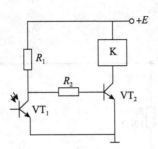

图 5-6　基本光电开关电路

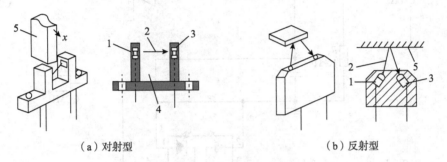

（a）对射型　　　　　　　　　　　　　　（b）反射型

图 5-7　光电断续器

1—发光二极管；2—红外光；3—光电元件；4—槽；5—被测物

4. NEWLab 红外传感模块

红外对射传感电路如图 5-8 所示。

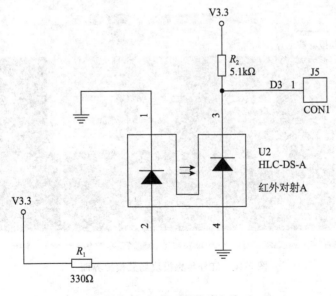

图 5-8　红外对射传感电路

红外反射电路如图 5-9 所示。

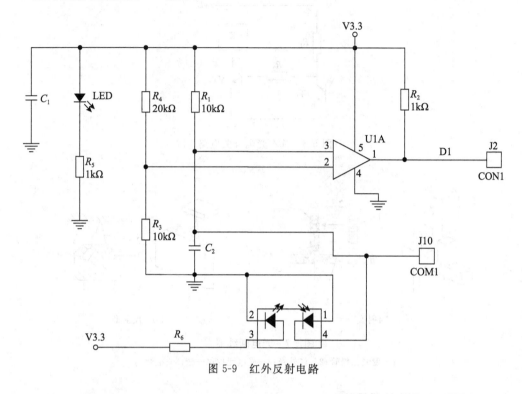

图 5-9　红外反射电路

红外传感模块场景模拟界面如图 5-10 所示。

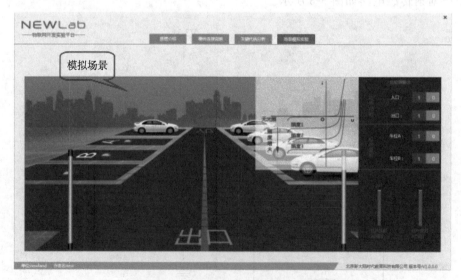

图 5-10　红外传感模块场景模拟界面

🖐 实验步骤

1. 启动红外传感模块

红外传感模块工作实图如图 5-11 所示。

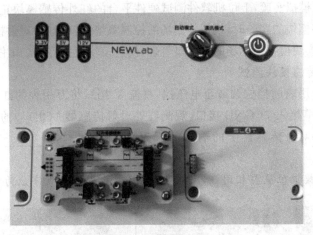

图 5-11　红外传感模块工作实图

(1) 将 NEWLab 实验硬件平台通电并与计算机连接。

(2) 将红外传感模块放置在 NEWLab 实验平台的一个实验模块插槽上。

(3) 将模式选择调整到自动模式,按下电源开关,启动实验平台,使红外传感模块开始工作,模块电源指示红色 LED 灯亮。

(4) 启动 NEWLab 实验上位机软件平台,选择红外传感。

(5) 选择硬件连接,上位机软件平台检测硬件通过,如图 5-12 所示。

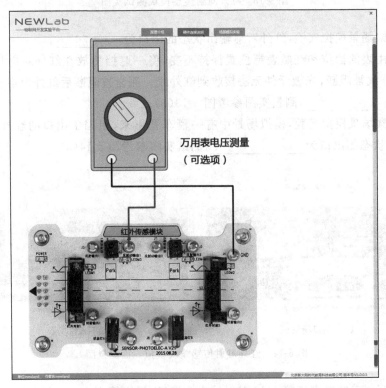

图 5-12　红外传感硬件连接说明

(6) 选择场景模拟实验,上位机软件测试硬件平台的红外传感模块正常工作,并进入工作界面。红外传感模块的实验时,模拟停车场的控制系统,其中红外对射模块和反射模块各有两个,红外对射模块模拟停车场的进出口管理,反射模块模拟停车场里停车位的管理。

2. 红外对射传感模块测试

(1) 将数字万用表的挡位调节至电压挡(直流 V 挡),将万用表的红表笔接入 J5 对射输出 1 接口,黑表笔接入 J4 GND 接口,观测红外对射传感器 1(出口)的情况。

(2) 测量红外对射传感器 1 的输出电压为 _____,测试实图参考图 5-13(a)。

注意:表笔与接口位置要相同,如果位置相反,则检测结果数字应为负数。

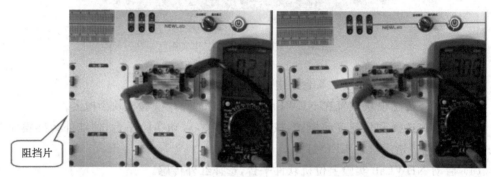

（a）未阻挡测量图　　　　　　　　（b）被阻挡测量图

图 5-13　红外对射传感模块测试实图

(3) 观察场景模拟实验,红外对射输出状态的出口为_____。

(4) 万用表的挡位和红黑表笔位置保持不变,将一遮挡物放在红外对射传感器槽中间,使得红外线被阻断,光敏元件无法接收到红外线。测量被阻断后红外对射传感器的输出电压为_____,测量实图参考图 5-13(b)。

(5) 观察场景模拟实验,模拟场景中有一辆车开出来,阻挡了出口的红外线,此时红外对射输出状态的出口为_____,测试实图参考图 5-14(a)。

（a）出口场景　　　　　　　　（b）入口场景

图 5-14　红外对射传感模块模拟界面测量图

(6) 将万用表的红表笔接入 J6 对射输出 2 接口,黑表笔不变。重复(2)～(4),观测红外对射传感器2(入口)的情况,在正常和被阻挡时分别为_____、_____。

(7)观察场景模拟实验,模拟场景中有一辆车开过来,阻挡了入口的红外线,红外对射输出状态的入口情况为_____,测试实图参考图5-14(b)。

3. 红外反射传感模块测试

(1)将万用表的红表笔接到J2反射输出1接口,黑表笔接入J4 GND接口,观测红外反射传感器1(B车位)的情况。

注意:红表笔不要插入接口太多,表笔外沿靠近红外反射器会形成遮挡效果。

(2)测量红外反射传感器的输出电压U_{A1},U_{A1}为_____。测量实图参考图5-15(a)。

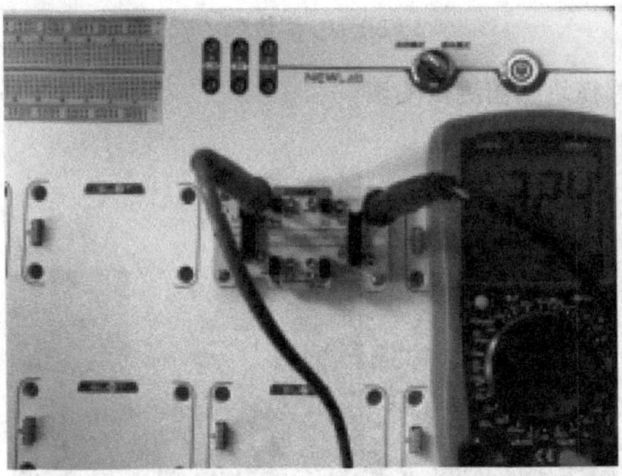

(a) U_{A1}测量图 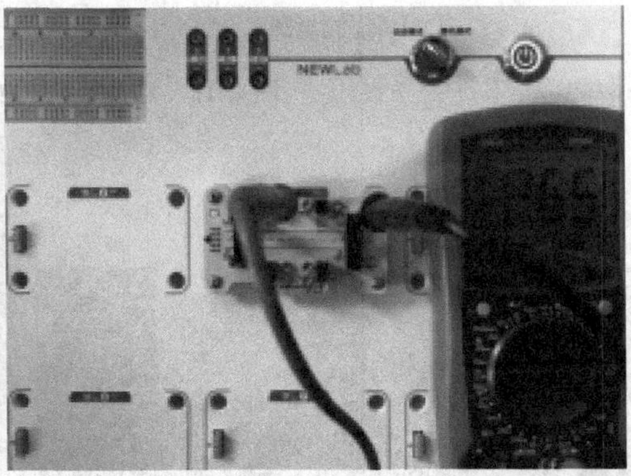　　　　　　　　　　(b) U_{D1}测量图

图5-15　红外反射传感模块未阻挡测试实图

(3)将红表笔移到对应反射AD输出接口,测量反射AD输出电压U_{D1},则U_{D1}为_____,测试实图参考图5-15(b)。

(4)观察场景模拟实验,红外反射输出状态的车位B为_____,反射AD值为_____。

(5)万用表的挡位和红黑表笔位置保持不变,将一遮挡物放在红外反射传感器槽上方,红外线被发射,光敏元件接收到红外线。测量阻断后红外反射传感器的反射AD输出电压为_____,测试参考图如图5-16(a)所示,请将观察到的数据填入表5-1中。

注意:阻挡片不要直接靠近最近端,应由远及近,观测电压的变化情况。

(6)将万用表的红表笔移到发射输出接口,测量被阻挡后反射输出电压U_{A1}为_____。测试实图参考图5-16(b)。

(7)观察场景模拟实验,刚被挡住时,模拟场景中车位B感应器位置出现红光;然后出现一辆车,阻挡了感应器。此时红外反射输出状态的车位B为_____,反射AD值为_____,测试实图参考图5-17。

(8)将万用表的红表笔接到反射输出2接口,重复(2)~(7),观测红外反射传感器2(车位A)的情况,并记录下未阻挡和被阻挡后各个数据。

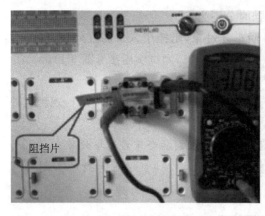 

（a）U_{D1} 测量图 （b）U_{A1} 测量图

图 5-16 红外反射传感模块阻挡测试实图

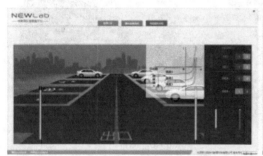 

（a）车位 B 刚挡住感应器的场景 （b）车位 B 挡住感应器后的场景

图 5-17 红外反射传感模块场景模拟界面测量图

📖 实验数据分析

（1）将上述测试结果填入表 5-1。

表 5-1 红外传感模块的数据表

项 目	未 阻 断		被 阻 挡	
	电压值/V	AD 值/LSB	电压值/V	AD 值/LSB
J5 对射输出 1 接口		无		无
J6 对射输出 2 接口		无		无
J2 反射输出 1 接口				
J3 反射输出 2 接口				
J10 反射 AD 输出 1 接口				
J11 反射 AD 输出 2 接口				
场景（出入口）（对射）				
场景（车位）（反射）				

(2) 根据表 5-1 中的数据,分析以下问题。

① 以所测量的电压为参考,分析 AD 值的误差情况是 _____

_____。

② 以观测到的 AD 值为参考,分析电压的误差情况是 _____

_____。

③ 红外光被阻挡对红外对射传感器的影响:_____

_____。

④ 红外光被阻挡对红外反射传感器的影响:_____

_____。

实验项目 6　磁传感器的应用——霍尔传感器实验

建议课时:3

实验目的

(1) 了解霍尔传感器的检测原理。

(2) 了解霍尔传感器的检测电路及检测方法。

(3) 了解霍尔传感模块的原理并掌握其测量方法。

实验设备

NEWLab 实验平台、霍尔传感器模块、万用表。

实验原理

1. 霍尔效应及霍尔元件

1) 霍尔效应

置于磁场中的静止金属或半导体薄片,当有电流流过时,若该电流方向与磁场方向不一致,则在垂直于电流和磁场的方向上将产生电动势,这种物理现象称为霍尔效应。图 6-1 所示为霍尔效应原理图。

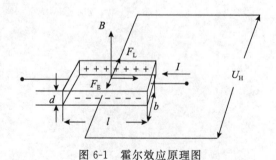

图 6-1　霍尔效应原理图

2) 霍尔元件基本结构

霍尔元件的结构很简单,它由霍尔片、引线和壳体组成,如图 6-2 所示。

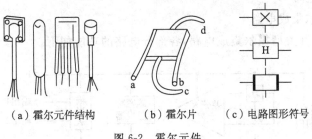

（a）霍尔元件结构　　　（b）霍尔片　　（c）电路图形符号

图 6-2　霍尔元件

3）霍尔元件的主要技术参数

（1）霍尔灵敏度系数 K_H。在单位控制电流和单位磁感应强度下,霍尔电势输出端开路时的电势值,其单位为 V/AT,它反映了霍尔元件本身所具有的磁电转换能力,一般越大越好。

（2）额定控制电流 I_c。是使霍尔元件在空气中产生 10℃ 温升的控制电流。

（3）输入电阻 R_r。霍尔片的两个控制电极间的电阻值称为输入电阻。

（4）输出电阻 R_o。两个霍尔电势输出端之间的电阻称为输出电阻。

（5）不等位电势和不等位电阻。霍尔元件在额定控制电流的作用下,在无外加磁场时,其霍尔电势电极(输出极)间的开路电势称为不等位电势 O。它是由 2 个输出电极不在同一个等位面上形成的,产生的主要原因有材料电阻率的不均匀、基片宽度和厚度不一致,以及电极与基片之间的接触位置不对称或电接触不良等因素。不等位电势与额定控制电流之比称为不等位电阻。

（6）寄生直流电势 V_g。在不加外磁场时,交流控制电流通过霍尔元件而在霍尔电极间产生的直流电势为寄生直流电势。

（7）霍尔电动势的温度系数 α。在一定磁场强度和控制电流的作用下,温度每变化 1℃,霍尔电动势变化的百分数称为霍尔电动势温度系数,此参数与霍尔材料无关。

2. 霍尔元件的测量误差及补偿方法

由于制造工艺问题以及实际使用时存在的各种不良因素,都会影响霍尔元件的性能,从而产生误差。其中最主要的误差有不等位电势带来的零位误差以及由温度变化产生的温度误差。采用恒流源提供恒定的控制电流可以减小温度误差,但元件的霍尔灵敏度系数也是温度的系数,对于具有正温度系数的霍尔元件,可在元件控制极并联分流电阻来提高温度稳定性。补偿电路图如图 6-3 所示。

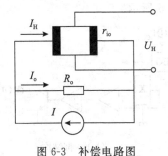

图 6-3　补偿电路图

3. 霍尔集成电路

1) 开关型霍尔集成电路

图 6-4 所示为开关型霍尔集成电路,各部分电路的功能如下。

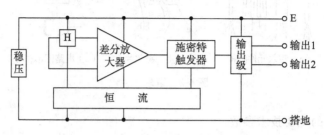

图 6-4 开关型霍尔集成电路

(1) 稳压源。稳压电源是能为负载提供稳定的交流电或直流电的电子装置,包括交流稳压电源和直流稳压电源两大类。

(2) 霍尔元件。霍尔元件是一种基于霍尔效应的磁传感器。用它们可以检测磁场及其变化,可在各种与磁场有关的场合中使用。霍尔元件具有许多优点,它们结构牢固、体积小、重量轻、寿命长、安装方便、功耗小、频率高(可达 1MHz)、耐振动,不怕灰尘、油污、水汽及盐雾等的污染或腐蚀。

(3) 差分放大器。差分放大电路又称为差动放大电路,当该电路的两个输入端的电压有差别时,输出电压才有变动,因此称为差动。差分放大电路是由静态工作点稳定的放大电路演变而来的。

(4) 施密特触发器。施密特触发器可以用于波形变换、脉冲整形、脉冲鉴幅。

施密特触发器又称为迟滞比较器、滞回比较器,它的主要用途是波形整形、变换、比较、鉴幅等,其抗干扰的能力在各类比较器中首屈一指。在其他各类比较器中,当输入电压在阈值电压附近有任何微小变化时,输出电压都会出现跃变,不论这种微小变化是来源于输入信号还是外部干扰。施密特触发器具有滞回特性,即具有惯性,因而也就具有一定的抑制干扰能力。

(5) 恒流电路。恒流源电路是能够提供一个稳定的电流以保证其他电路稳定工作的基础。即恒流源电路要能输出恒定电流,因此作为输出级的器件应该具有饱和输出电流的伏安特性。

(6) 输出级。输出最大不失真的电压,并与负载匹配。

霍尔传感器 A3144 如图 6-5 所示。

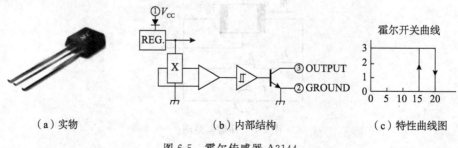

(a) 实物　　　　　　　　(b) 内部结构　　　　　　　(c) 特性曲线图

图 6-5　霍尔传感器 A3144

2）线性型霍尔集成电路

线性型霍尔集成电路通常由霍尔元件、差分放大器、射极跟随输出及稳压电路四部分组成，其输出电压与外加磁场强度呈线性比例关系，它有单端输出和双端输出两种形式，电路图如图 6-6 所示。

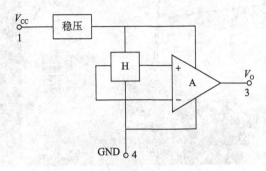

图 6-6　线性型霍尔集成电路

线性霍尔传感器 SS49E 如图 6-7 和图 6-8 所示。

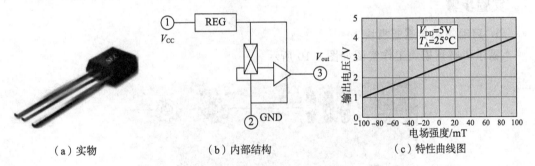

（a）实物　　　　　　　　（b）内部结构　　　　　（c）特性曲线图

图 6-7　线性霍尔传感器 SS49E

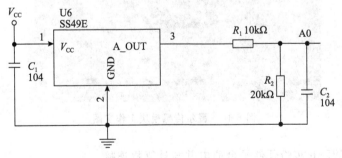

图 6-8　霍尔线性元件电路

4. NEWLab 霍尔传感器模块

霍尔传感器模块场景模拟界面如图 6-9 所示。

模拟场景　　霍尔开关2控制　　霍尔开关1控制　　霍尔线性传感AD值信息　　霍尔开关状态

图 6-9　霍尔传感器模块场景模拟界面

🐢 实验步骤

1. 启动霍尔传感器模块

霍尔传感器模块工作实图如图 6-10 所示。

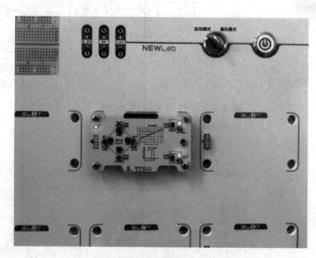

图 6-10　霍尔传感模块工作实图

（1）将 NEWLab 实验硬件平台通电并与计算机连接。

（2）将霍尔传感模块放置在 NEWLab 实验平台的一个实验模块插槽上。

（3）将模式选择调整到自动模式，按下电源开关，启动实验平台，使霍尔传感模块开始工作。

（4）启动 NEWLab 实验上位机软件平台，选择霍尔传感。

（5）选择硬件并进行连接，上位机软件平台检测硬件通过，如图 6-11 所示。

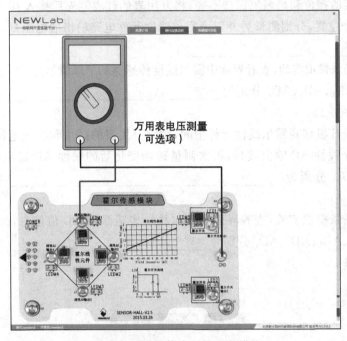

图 6-11　霍尔传感硬件连接说明

（6）选择场景模拟实验，上位机软件测试硬件平台的霍尔传感模块正常工作，并进入工作界面。

2. 霍尔线性传感模块测试

（1）将数字万用表的挡位调节至电压挡（直流 V 挡），将万用表的红表笔接入 J4 线性 AD 输出 1 接口，黑表笔接入 J1 GND 接口，观测霍尔线性元件 1 的工作情况。

注意：表笔与接口位置要相同，如果位置相反，则检测结果数字应为负数。

（2）测量霍尔线性元件电路输出的电压 U_A，U_{A1} 为_____。测试实图参考图 6-12（a）。

（a）磁场不变时 U_{A1} 测量图　　　　　（b）磁场改变后 U_{A1} 测量图

图 6-12　霍尔线性传感模块测试参考图

（3）万用表的挡位和黑表笔保持不变，将万用表的红表笔先后接入 J6、J7、J5 线性 AD 输出 2、3、4 三个位置，分别测量另外三个霍尔线性元件电路输出的电压 U_A、U_{A2}、U_{A3}、U_{A4} 分别为 _____ 、_____、_____ 。

（4）观察场景模拟实验，查看界面中霍尔线性传感器的 AD 值信息，并记录 4 个 AD 值的数据，AD_1、AD_2、AD_3、AD_4 分别为 _____ 、_____、_____，测试实图参考图 6-13。

（5）将磁铁 S 极移到霍尔线性元件中间，数字万用表的挡位和黑表笔保持不变，红表笔先后接入 4 个线性 AD 输出接口，再次测量磁场变化后的线性 AD 输出电压 U_A，此时 U_{A1}、U_{A2}、U_{A3}、U_{A4} 分别为 _____ 、_____ 、_____ 、_____，测试实图参考图 6-12(b)。

（6）观察场景模拟实验，查看界面中霍尔线性传感器的 AD 值信息，并记录 4 个 AD 值的数据，AD_1、AD_2、AD_3、AD_4 分别为 _____ 、_____ 、_____ 、_____，测试实图参考图 6-13。

图 6-13　霍尔线性传感模块磁场变化时模拟界面测量

（7）将磁铁 N 极移到霍尔线性元件中间，再次进行测量。此时 U_{A1}、U_{A2}、U_{A3}、U_{A4} 分别为_____ 、_____、_____ 、_____，场景模拟中 AD 值的数据，AD_1、AD_2、AD_3、AD_4 分别为_____ 、_____ 、_____ 、_____。

3. 霍尔开关传感模块测试

（1）将数字万用表的挡位调节至电压挡（直流 V 挡），将万用表的红表笔接入模块的 J2 霍尔开关输出 1 接口，黑表笔接入 J1 GND 接口，观测霍尔开关元件 1 的工作情况。

（2）测量霍尔开关元件 1 的比较器输出电压 U_D，U_{D1} 为 _____。测试实图参考图 6-14(a)。

（3）观察场景模拟实验，查看界面中模拟场景和霍尔开关比较器输出（大门）情况，此时场景中大门_____,比较器输出(大门)的状态为_____。

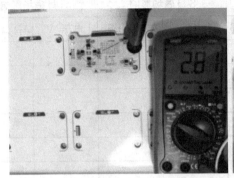

（a）磁场不变时 U_{D1} 测量图　　　　（b）磁场改变后 U_{D1} 测量图

图 6-14　霍尔开关传感模块测试参考图

（4）数字万用表的挡位和表笔保持不变,将磁铁 S 极移到霍尔开关元件位置,测量此时霍尔开关元件 1 的比较器输出电压 U_{D1} 为_____。测试实图参考图 6-14(b)。

（5）观察电路中霍尔开关指示灯 1 的变化情况_____。

（6）观察场景模拟实验,查看界面中模拟场景和霍尔开关比较器输出(大门)情况,此时场景中大门_____,比较器输出(大门)的状态为_____。

（7）将万用表的红表笔接入模块的霍尔开关输出 2 接口,黑表笔接入 GND 接口,观测霍尔开关元件 2 的工作情况。

（8）重复(2)～(3),测量霍尔开关元件 2 的比较器输出电压 U_D,U_{D2} 为_____,场景中窗户_____,比较器输出(窗户)的状态为_____。

（9）重复(4)～(6),测试此时霍尔开关元件 2 的比较器输出电压 U_{D2} 为_____,观察电路中霍尔开关指示灯 2 的变化情况_____场景中窗户_____,比较器输出(窗户)的状态为_____。

（10）将磁铁 N 极靠近霍尔开关元件,对霍尔开关电路和场景的影响是_____
_____。

实验数据分析

（1）将上述测试结果填入表 6-1。

表 6-1　霍尔传感模块的数据表

项　　目	无磁场影响		S 极磁场影响		N 极磁场影响	
	电压/V	AD 值/LSB	电压/V	AD 值/LSB	电压/V	AD 值/LSB
J4 线性 AD 输出 1						
J6 线性 AD 输出 2						
J7 线性 AD 输出 3						

续表

项　　目	无磁场影响		S 极磁场影响		N 极磁场影响	
	电压/V	AD 值/LSB	电压/V	AD 值/LSB	电压/V	AD 值/LSB
J5 线性 AD 输出 4						
J2 霍尔开关输出 1						
J3 霍尔开关输出 2						
霍尔开关指示灯						
场景（大门）						
场景（窗户）						
比较器输出状态（大门）						
比较器输出状态（窗户）						

（2）根据表 6-1 中的数据，分析以下问题。

① 以所测量的电压为参考，分析 AD 值的误差情况：_____

_____。

② 以观测到的 AD 值为参考，分析电压的误差情况：_____

_____。

③ S 极磁场强度对霍尔线性元件的输出电压的影响：_____

_____。

④ N 极磁场强度对霍尔线性元件的输出电压的影响：_____

_____。

⑤ S 极磁场强度对霍尔开关元件的输出电压的影响：_____

_____。

⑥ N 极磁场强度对霍尔开关元件的输出电压的影响：_____

_____。

实验项目 7　电阻应变式传感器的应用
——称重实验

建议课时:3

⬧ 实验目的

(1) 了解电阻应变片的结构工作原理。

(2) 了解电阻应变式传感器的结构和工作特点。

(3) 了解直流全桥电阻应变片的工作特点及原理。

(4) 掌握称重传感模块的原理并掌握其测量方法。

实验设备

NEWLab 实验平台、称重传感模块、万用表。

实验原理

电阻应变式传感器是基于测量物体受力变形所产生应变的一种传感器,常用的传感元件为电阻应变片。它将被测量的变化转换成传感器元件电阻值的变化,再经过转换电路变成电信号输出。它具有结构简单,使用方便,性能稳定、可靠,灵敏度高,测量速度快等诸多优点。

1. 电阻应变片的结构与原理

电阻应变片是由敏感栅等构成的、用于测量应变的元件。使用时将其牢固地粘贴在构件的测点上,构件受力后由于测点发生应变,敏感栅也随之变形,从而其电阻也发生了变化,再由专用仪器测得其电阻变化大小,并转换为测点的应变值。电阻应变片主要有金属电阻应变片和半导体电阻应变片两类。金属电阻应变片品种繁多,形式多样,常见的有丝式电阻应变片和箔式电阻应变片。箔式电阻应变片是一种基于应变-电阻效应制成的,用金属箔作为敏感栅,能把被测试件的应变量转换成电阻变化量的敏感元件。

1) 金属电阻应变片的结构

金属丝式电阻应变片和金属半导体电阻应变片的结构图如图 7-1 所示。

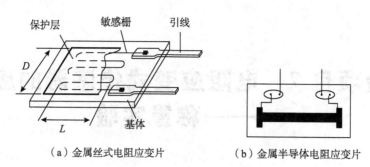

（a）金属丝式电阻应变片　　　　（b）金属半导体电阻应变片

图 7-1　金属电阻应变片

2）电阻的应变效应

金属导体在外力作用下发生机械变形时，其电阻值随着它所受机械变形（伸长或缩短）的变化而发生变化的现象，称为金属电阻的应变效应。应变效应原理图如 7-2 所示。

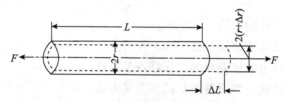

图 7-2　应变效应原理图

原始电阻为

$$R = \frac{\rho L}{A} \tag{7-1}$$

式中，ρ 为电阻丝的电阻率；L 为电阻丝的长度；A 为电阻丝的截面积。

当电阻丝受到拉力 F 作用时，电阻值会发生变化。

电阻值相对变化为

$$\frac{dR}{R} = \frac{d\rho}{\rho} + \frac{dL}{L} - \frac{dA}{A} = \frac{d\rho}{\rho} + \frac{dL}{L} - \frac{2dr}{r}$$

径向应变 ε_x 和轴向应变 ε_y 分别为

$$\varepsilon_x = \frac{dr}{r} = -\mu \frac{dL}{L}$$

$$\varepsilon_y = -\mu \varepsilon_x$$

式中，μ 为电阻丝材料的泊松比，负号表示应变方向相反；r 为电阻丝的半径。

电阻丝的灵敏度系数（物理意义）用 K 定义，它表示单位应变所引起的电阻相对变化量。其表达式为

$$K = \frac{\Delta R}{R \varepsilon_y} = 1 + 2\mu + \frac{\Delta \rho}{\rho \varepsilon_y} \tag{7-2}$$

3）电阻应变片的主要参数

（1）电阻应变片的电阻值有 60Ω、120Ω、350Ω、500Ω 和 1000Ω 等多种规格，其中以

120Ω 最为常用。应变片的电阻值越大,允许的工作电压就越大,传感器的输出电压也越大,相应地应变片的尺寸也要增大。在条件允许的情况下,应尽量选用高阻值应变片。

（2）应变片的灵敏系数:金属应变片电阻的相对变化与它所感受的应变之间具有线性关系,用灵敏度系数 K 表示。

（3）应变片的应变极限:在一定温度下,应变片的指示应变与测试值的真实应变之间的相对误差不超过规定范围(一般为 10%)时的最大真实应变值。

（4）应变片的疲劳寿命:对已粘贴好的应变片,在恒定幅值的交变力作用下可以连续工作而不产生疲劳损坏的循环次数。

注意: 当应变片出现以下三种情形之一时,即可认为疲劳损坏:①敏感栅或引线发生断路;②应变片输出幅值变化超过 10%;③应变片输出波形上出现穗状尖峰。

2. 电阻应变片的测量电路

电阻应变片把机械应变信号转换成后,由于应变量及其应变电阻变化一般都很微小,既难以直接精确测量,又不便直接处理,因此,必须采用转换电路或仪器,把应变片的变化转换成电压或电流变化。根据电源的不同,电桥分直流电桥和交流电桥,如图 7-3 和图 7-4 所示。

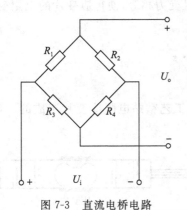

图 7-3　直流电桥电路　　　　图 7-4　交流电桥电路

1）直流电桥工作原理

四臂结构是直流电桥的基本形式。电桥由直流电源供电,平衡时,相邻两桥臂电阻的比值等于另外两相邻桥臂电阻的比值。若一对相邻桥臂分别为标准电阻器和被测电阻器,它们的电阻有一定的比值,那么为使电桥平衡,另一对相邻桥臂的电阻必须有相同的比值。根据这一比值和标准电阻器的电阻值可求得被测电阻器的电阻值。平衡时的测量结果与电桥电源的电压大小无关。

2）电阻应变片的测量电桥

电阻应变式传感器是利用应变片的应变效应将被测量转换成电阻变化的传感器。常用的应变片灵敏度很小,其电阻值变化的范围也很小,一般在 0.5Ω 以下,故不易被观察、记录和传输。为了将这么小的电阻值变化测量出来,可将应变片电阻值的变化转换成电信号输出,并剔除其中的干扰信号。在电阻应变式传感器中常用电桥测量电路来完成这一测量。电桥测量电路结构简单,且有较高的灵敏度,因此,被广泛应用在测量电路中。

电桥测量电路不仅能降电阻,还能将电感、电容等参数的变化转换成电压或电流信号输出。电桥电路如图 7-5 所示。

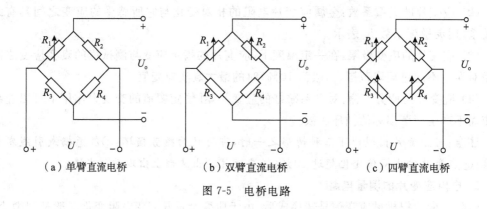

(a)单臂直流电桥　　　　　(b)双臂直流电桥　　　　　(c)四臂直流电桥

图 7-5　电桥电路

受到拉应变,电路输出电压为

$$U_\circ = \frac{\Delta R}{4R}U = \frac{U}{4}K \cdot \varepsilon \tag{7-3}$$

假设有两只应变片,一只受拉,另一只受压,且受力相等,使得应变片的电阻变化大小也相等,则电路的输出电压为

$$U_\circ = \frac{U}{2} \cdot K \cdot \varepsilon \tag{7-4}$$

3. 电阻应变式传感器的结构原理

电阻应变式传感器是在弹性元件上通过特定工艺粘贴电阻应变片组成的。如图 7-6 所示。

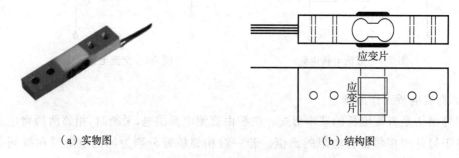

(a)实物图　　　　　　　　　(b)结构图

图 7-6　电阻应变式传感器

1) 粘贴工艺步骤

(1)电阻应变片的检查与选择。首先,要对采用的应变片进行外观检查,观察应变片的敏感栅是否整齐、均匀,是否有锈斑以及短路和折弯等现象。其次,要对选用的应变片的阻值进行测量,选取合适的阻值便于对传感器的平衡调整。

(2)试件的表面处理。为了获得良好的黏合强度,必须对试件表面进行处理,清除试件表面杂质、油污及疏松层等。一般处理方法可采用砂纸打磨,较好的处理方法是采用无油喷砂法,这样不但能得到比抛光更大的表面积,而且可以获得质量均匀的效果。

为了表面的清洁,可用化学清洗剂如氯化碳、丙酮、甲苯等进行反复清洗,也可采用超声波清洗。

注意:为避免氧化,应变片的粘贴应尽快进行;如果不立刻贴片,可涂上一层凡士林暂作保护。

(3) 底层处理。为了保证应变片能牢固地贴在试件上,并具有绝缘电阻,改善胶结性能,可在粘贴位置涂上一层底胶。

(4) 贴片。将应变片底面用清洁剂清洗干净,然后在试件表面和应变片底面各涂上一层薄而均匀的黏合剂。待稍干后,将应变片对准画线位置迅速贴上,然后盖一层玻璃纸,用手指或胶辊加压,挤出气泡和多余的胶水,保证胶层尽可能薄而均匀。

(5) 固化。黏合剂的固化是否完全,直接影响到胶的物理机械性能。关键是要掌握好温度、时间和循环周期。无论是自然干燥还是加热固化都要严格按照工艺规范进行。为了防止强度降低、绝缘破坏及电化腐蚀,在固化后的应变片上应涂上防潮保护层,防潮层一般可采用稀释的黏合剂。

(6) 粘贴质量检查。首先,从外观上检查粘贴位置是否正确,黏合层是否有气泡、漏粘、破损等。其次,测量应变片敏感栅是否有断路或短路现象以及测量敏感栅的绝缘电阻。

(7) 引线焊接与组桥连线。检查合格后既可焊接引出导线,引出导线应适当加以固定。应变片之间通过粗细合适的漆包线连接组成桥路、连接长度应尽量一致,且不宜过长。

2) 测试原理

在材料力学中,应力-应变关系为

$$F = A \cdot E \cdot \varepsilon = \frac{A \cdot E}{K} \cdot \frac{\Delta R}{R} \tag{7-5}$$

式中,F 为传感器所受的应力;ε 为其应变量;A 为其面积;E 为材料的弹性模量。

4. 电阻应变式传感器的测量电路

在实际应用中,4 个电阻应变片阻值不可能做到绝对相等,导线电阻和接触电阻也有差异,增加补偿措施会使器件结构相对麻烦,因此电阻应变式传感器构成的电桥在实际测量时必须调节电阻平衡。

应力和电压的关系为

$$U_o = K'F$$

式中,$K' = \dfrac{K \cdot U}{A \cdot E}$ 为应力与电压的转变系数,K、A、E 可视为常数,是直流电桥供电电压。

5. NEWLab 称重传感模块

(1) 称重传感模块电路板如图 7-7 所示。

(2) 称重传感模块场景模拟界面如图 7-8 所示。

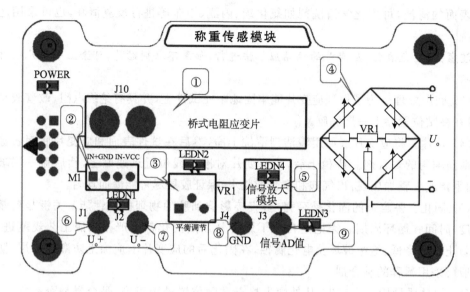

图 7-7　称重传感模块电路板

①YZC-1b 称重传感器；②称重传感器桥式电路的接口；③平衡调节电位器；④桥式电阻应变片平衡电路；⑤信号放大模块；⑥J1 接口，测量直流电桥平衡电路输出的正端电压，即 AD623 正端输入（3 脚）电压；⑦J2 接口，测量直流电桥平衡电路输出的负端电压，即 AD623 负端输入（2 脚）电压；⑧接地 GND 接口 J4；⑨信号 AD 值接口 J3，测试经信号放大模块放大后电路输出的电压，该电压由 AD623（6 脚）输出，经 R3 和 R7 分压后采集 R7 的电压

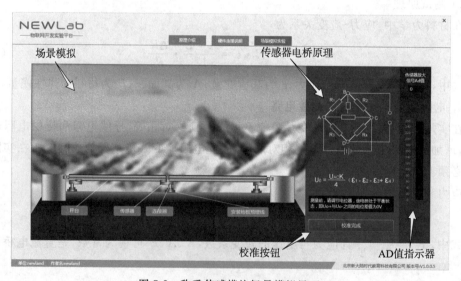

图 7-8　称重传感模块场景模拟界面

🐾 实验步骤

1. 启动称重传感模块

称重传感模块工作实图如图 7-9 所示。

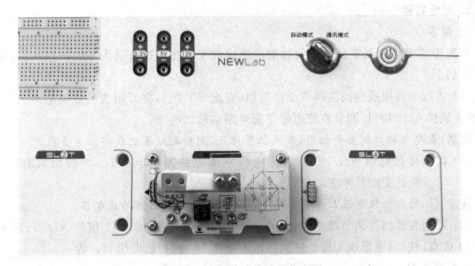

图 7-9 称重传感模块工作实图

（1）将 NEWLab 实验硬件平台通电并与计算机连接。

（2）将称重传感模块放置在 NEWLab 实验平台一个实验模块插槽上。

（3）将模式选择调整到自动模式，按下电源开关，启动实验平台，使称重传感模块开始工作。

（4）启动 NEWLab 实验上位机软件平台，选择称重传感实验。

（5）选择硬件连接，上位机软件平台检测硬件通过，如图 7-10 所示。

（6）选择场景模拟实验，上位机软件测试硬件平台的称重传感模块正常工作，并进入工作界面。

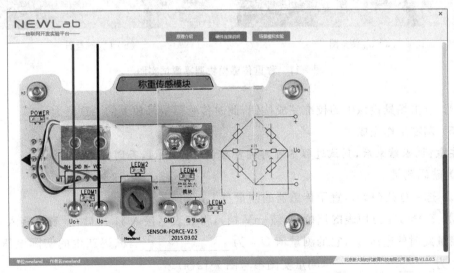

图 7-10 硬件连接测试图

2. 测量实验

1）调零

称重传感模块的调零目的是使称重传感模块工作在测试重量为零的初始状态，调零的方式如下。

（1）将数字万用表的挡位调节至电压挡（直流 mV 挡），将万用表的红表笔接入 J1 接口，黑表笔接入 J2 接口，测量直流电桥平衡电路的输出电压。

注意：表笔与接口位置要相同，如果位置相反，则检测结果的数字应为负数。

（2）调节可调电阻 VR1，测量直流电桥平衡电路输出电压 U_o 的初始值电压 U_{o0} 为_____，测试实图参考图 7-11(a)。

注意：U_o 的初始值电压 U_{o0} 不一定要为 0，如不为 0 则必须为正电压。

（3）万用表的挡位调节至电压挡（直流 V 挡），将红表笔接入 J3 信号 AD 值、黑表笔接入 J4 GND 接口，测量放大模块放大后输出电压 U_A 的初始电压 U_{A0} 为_____，测试实图参考图 7-11(b)。

注意：由于差动信号直流放大时存在零点漂移，即使 $U_o=0$，U_A 也可能不为零。

（a）U_{o0} 测量图　　　　　　　　（b）U_{A0} 测量图

图 7-11　称重传感模块调零测试实图

（4）点击场景模拟中的校准完成按钮，此时传感器信号放大的 AD 值为_____。

（5）调零工作完成。

注意：调零结束后，测试过程不可再调整可调电阻 VR1，否则需要重新调零。

2）砝码测量

（1）选一砝码（10g），置于传感器的测量盘上。

（2）选择数字万用表的挡位（直流 mV 挡），将红表笔接入 J1 接口、黑表笔接入 J2 接口。测量此时的电压 U_o，它的测量值 U_{oX} 为_____，砝码产生的实际电压变化值 U_{oA} 为_____，测量实图参考图 7-12(a)。

注意：$U_{oA}=U_{oX}-U_{o0}$。

（3）万用表的挡位调节至电压挡（直流 V 挡），将红表笔接入 J3 信号 AD 值、黑表笔接入 J4 GND 接口，测量此时电压 U_A，它的测量值为_____，它的实际电压变化值

U_{AA} 为_____,测量实图参考图 7-12(b)。

注意：$U_{AA}=U_{AX}-U_{A0}$。

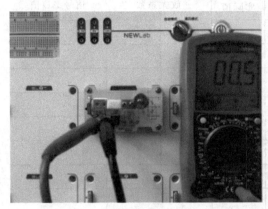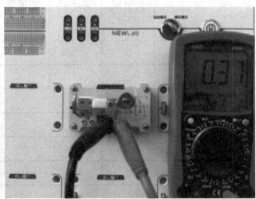

（a）U_o测量图   （b）U_A测量图

图 7-12 放置砝码测量图

（4）计算出信号放大模块的放大系数 A_U 为_____。

（5）观测场景模拟界面的情况，场景中称重传感器上变化的情况是_____

_____，传感器放大信号 AD 值为_____。测量实图参

考图 7-13。

图 7-13 模拟界面测量图

（6）更换砝码，重复步骤(1)～(5)进行相应的测量。

实验数据分析

（1）将上述测试结果填入表 7-1。

表 7-1　称重传感模块的数据

砝码/g	平衡电路输出/dB		放大后电压/V		放大电路的放大系数	传感器放大信号 AD 值
	测量值	实际值	测量值	实际值		
无砝码						
10						
20						
30						
40						
50						
60						
70						
80						
90						
100						

注:实际值＝测量值－固有误差;固有误差为无砝码时测量值。

(2) 根据表 7-1 中的数据分析以下问题。

① 放大电路的作用是＿＿＿＿＿＿＿＿＿＿＿＿＿＿＿＿＿＿＿＿＿＿＿＿＿＿。
放大模块的理论上的放大系数为＿＿＿＿＿＿＿＿;结合放大模块实际工作情况,进行放大系数的误差情况分析是＿＿。

② 以实际产生的电压为参考,AD 值的误差情况分析是＿＿。

③ 以观测到的 AD 值为参考,实际产生的电压的误差情况分析是＿＿。

④ AD 值与重量的转换关系情况分析是＿＿＿＿＿＿＿＿＿＿＿＿＿＿＿＿＿＿,以表 7-1 测试数据为依据,确定 AD 值与重量的转换关系平均值为＿＿。

⑤ 任选一件物品(手机或钥匙等)放置在测量托盘上,模拟界面显示的 AD 值为＿＿＿＿＿＿＿＿＿＿＿＿＿,则该物品的重量为＿＿＿＿＿＿＿＿＿＿＿＿＿＿＿＿＿＿＿。

注意:以定 AD 值与重量的转换关系的平均值作为计算的参考依据。

实验项目 8　气敏传感器的应用
——空气质量实验

建议课时:3

➡ 实验目的

(1) 了解气敏传感器的种类和工作原理。

(2) 了解 MQ 系列传感器的工作特点及原理。

(3) 了解气敏传感模块的原理并掌握其测量方法。

🔧 实验设备

NEWLab 实验平台、气敏传感器模块、继电器模块、风扇模块、万用表。

📦 实验原理

气敏传感器是一种把气体中的特定成分检测出来,并把它转换为电信号的器件。它具有结构简单,使用方便,性能稳定、可靠,灵敏度高等诸多优点。按照气敏传感器的结构特性,一般可以分为半导体型气敏传感器、电化学型气敏传感器、固体电解质气敏传感器、接触燃烧式气敏传感器、光化学型气敏传感器、高分子气敏传感器、红外吸收式气敏传感器等。

1. 半导体型气敏传感器

半导体型气敏传感器的工作原理:与气体相互作用时产生表面吸附或反应,引起以载流子运动为特征的电导率或伏安特性或表面电位变化。借此来检测特定气体的成分或者测量其浓度,并将其变换成电信号输出。半导体气敏传感器的分类如表 8-1 所示。

表 8-1　半导体气敏传感器的分类

类别		主要物理特性	传感器举例	工作温度	典型被测气体
电阻式	电阻	表面控制型	氧化银、氧化锌	室温~450℃	可燃性气体
		体控制型	氧化钛、氧化钴、氧化镁、氧化锡	700℃以上	酒精、氧气、可燃性气体

续表

类别	主要物理特性	传感器举例	工作温度	典型被测气体
非电阻式	表面电位	氧化银	室温	硫醇
	二极管整流特性	铂/硫化镉、铂/氧化钛	室温～200℃	氢气、一氧化碳、酒精
	晶体管特性	铂栅 MOS 场效应晶体管	150℃	氢气、硫化氢

1）电阻式气敏器件

电阻式气敏器件又分为烧结型气敏器件、薄膜型气敏器件和厚膜型气敏器件。

（1）烧结型气敏器件的制作是将一定比例的敏感材料（SnO_2、ZnO 等）和一些掺杂剂（Pt、Pb 等）用水或黏合剂调和，经研磨后使其均匀混合，然后将混合好的膏状物倒入模具，埋入加热丝和测量电极，经传统的制陶方法烧结而成。最后将加热丝和电极焊在管座上，加上特制外壳就构成器件。该类器件分为直热式和旁热式两种结构。

① 直热式气敏器件管芯体积小，加热丝直接埋在金属氧化物半导体材料内，兼作一个测量板。其缺点是热容量小，易受环境气流的影响测量电路与加热电路之间相互干扰，影响其测量参数。加热丝在加热与不加热两种情况下产生的膨胀与冷缩，容易造成器件接触不良。直热式气敏器件的结构和符号如图 8-1 所示。

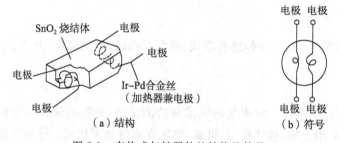

图 8-1 直热式气敏器件的结构及符号

② 旁热式气敏器件是把高阻加热丝放置在陶瓷绝缘管内，在管外涂上梳状金电极，再在金电极外涂上气敏半导体材料。它克服了直热式气敏器件结构的缺点，稳定性得到了提高。旁热式气敏器件的结构及符号如图 8-2 所示。

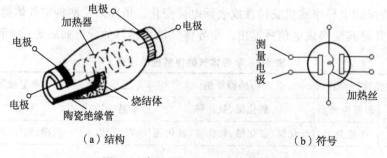

图 8-2 旁热式气敏器件的结构及符号

（2）薄膜型气敏器件的制作采用蒸发或溅射的方法，在处理好的石英基片上形成一薄层金属氧化物薄膜（如 SnO_2、ZnO 等），再引出电极。实验证明 SnO_2 和 ZnO 薄膜的气敏特性较好。其优点是灵敏度高、响应迅速、机械强度高、互换性好、产量高、成本低等。薄膜型气敏器件的结构如图 8-3 所示。

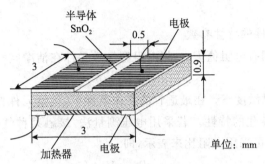

图 8-3　薄膜型气敏器件结构图

（3）厚膜型气敏器件是将 SnO_2 和 ZnO 等材料与 3％～15％重量的硅凝胶混合制成能印刷的厚膜胶，把厚膜胶用丝网印制到装有铂电极的氧化铝基片上，在 400～800℃高温下烧结 1～2 小时制成。其优点是一致性好，机械强度高，适于批量生产。厚膜型气敏器件的结构如图 8-4 所示。

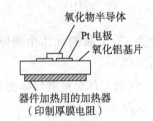

图 8-4　厚膜型气敏器件的结构

2）非电阻式气敏器件

（1）MOS 二极管气敏器件的电流或电压随着气体含量而变化，主要检测氢和硅烷气等可燃性气体。其结构、等效电路和 C–U 特性分别如图 8-5 和图 8-6 所示。

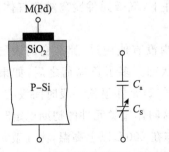

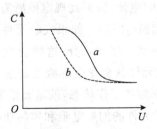

图 8-5　MOS 气敏器件的结构和等效电路　　　图 8-6　MOS 结构的 C–U 特性
　　　　　　　　　　　　　　　　　　　　　　　　a—吸附 H_2 前；b—吸附 H_2 后

（2）Pd-MOSFET 气敏器件。Pd-MOSFET 气敏传感器工作原理是挥发性有机化合物（VOC）与催化金属（如钮）接触发生反应，反应产物扩散到 MOSFET 的栅极，改变了器件的性能，通过分析器件性能的变化而识别 VOC。通过改变催化金属的种类和膜厚可优化灵敏度和选择性，并可改变工作温度。Pd-MOSFET 气敏传感器灵敏度高，工艺比较复杂，成本高。

3）半导体气敏元件的特性参数

（1）气敏元件的固有电阻值 R_a。将电阻型气敏元件在洁净空气中的电阻值，一般在 $103\sim105\Omega$。

（2）气敏元件的灵敏度 S。在最适宜的工作条件下，气敏元件接触同一气体时，其阻值随气体浓度变化而变化的特性。若采用电压测量法，接触某种气体前后负载电阻上的电压比即为灵敏度，也可采用电阻比来表示，即

$$S = \frac{R_a}{R_g} = \frac{V_a}{V_g} \tag{8-1}$$

式中，R_a 为气敏元件在洁净空气中的电阻值；V_a 为气敏元件在洁净空气中工作时，负载电阻上的电压；R_g 为气敏元件在规定浓度的被测气体中的电阻值；V_g 为气敏元件在规定浓度的被测气体中工作时，负载电阻上的电压。

（3）气体分离度。计算公式为

$$\alpha = \frac{R_{c1}}{R_{c2}} \tag{8-2}$$

式中，R_{c1} 为气敏元件在浓度为 C_1 的被测气体中的阻值；R_{c2} 为气敏元件在浓度为 C_2 的被测气体中的阻值；通常 $C_1 > C_2$。

（4）气敏元件的分辨率。表示气敏元件对被测气体的识别（选择）以及对干扰气体的抑制能力。气敏元件分辨率 S 表示为

$$S = \frac{\Delta V_g}{\Delta V_{gi}} = \frac{V_g - V_a}{V_{gi} - V_a} \tag{8-3}$$

式中，V_{gi} 为气敏元件在规定浓度的气体中工作时，负载电阻上的电压。

（5）气敏元件的响应时间。在最适宜的工作条件下，气敏元件接触待测气体后，负载电阻的电压（电流）变化到规定值所需的时间。

（6）气敏元件的恢复时间。在最适宜的工作条件下，气敏元件脱离被测气体后，负载电阻上的电压（电流）恢复到规定值所需的时间。

（7）初期稳定时间。如果气敏元件在很长时间内没有使用过，那么它的表层就会吸附空气中的一些气体和水分，这样会改变它的表层状态。多了负电荷之后，如果温度升高，那么气敏元件就会发生解吸的现象。所以，如果气敏元件很长一段时间没有工作，要恢复到平时正常的工作状态，就需要稍等一段时间，这叫作气敏元件的初期稳定时间。

（8）气敏元件的加热电阻和加热功率。一般工作在 200℃ 以上高温，为气敏元件提供必要工作温度的加热电路的电阻（指加热器的电阻值）称为加热电阻，用 RH 表示。直热式的加热电阻值一般小于 5Ω；旁热式的加热电阻值大于 20Ω。气敏元件正常工作所需的加热电路功率，称为加热功率，用 PH 表示，一般在 0.5～2.0W。

2. 红外吸收式气敏传感器

1）测量原理

通常，一束红外光在通过一个气体容器时，强度会降低，而强度损失是一定体积内活动气体分子数量的函数，该函数是用来表示气体浓度的函数。

2）优点分析

（1）不易受有害气体的影响而中毒、老化。

（2）响应速度快、稳定性好。

（3）防爆性好。

（4）信噪比高，使用寿命长、测量精度高。

（5）应用范围广。

部分气体的特征红外吸收波长如表 8-2 所示。

表 8-2　部分气体的特征红外吸收波长

气体	特征红外吸收波长	气体	特征红外吸收波长
CO	$4.65\mu m$	SO_2	$7.3\mu m$
CO_2	$2.7\mu m$、$4.24\mu m$、$14.5\mu m$	NH_3	$2.3\mu m$、$2.8\mu m$、$6.1\mu m$、$9\mu m$
CH_4	$2.4\mu m$、$3.3\mu m$、$7.65\mu m$	H_2S	$7.6\mu m$
NO	$5.3\mu m$	HCL	$3.4\mu m$
NO_2	$6.13\mu m$	HCN	$3\mu m$、$6.25\mu m$、$16.6\mu m$
N_2O	$4.53\mu m$	HBr	$4\mu m$

当一定频率强度为 I_0 的入射红外光穿过气体时，气体吸收自己特征频率红外光的能量后，出射光能量减弱为 I，即

$$I = I_0 e^{(-\mu CL)} \tag{8-4}$$

式中，μ 为气体吸收系数；C 为待测气体浓度；L 为光程长度。

3. 气敏传感器的测量电路

气敏传感器需要施加两个电压：加热器电压（V_H）和测试电压（V_C）。其中，V_H 用于为传感器提供特定的工作温度；V_C 用于测定与传感器串联的负载电阻（R_L）上的电压（V_{RL}）。基本测试电路如 8-7 所示。

4. NEWLab 空气质量传感模块认识

（1）气敏传感器模块电路板各元器件如图 8-8 所示。

（2）空气质量传感模块场景模拟界面如图 8-9 所示。

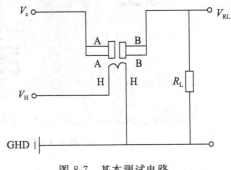

图 8-7　基本测试电路

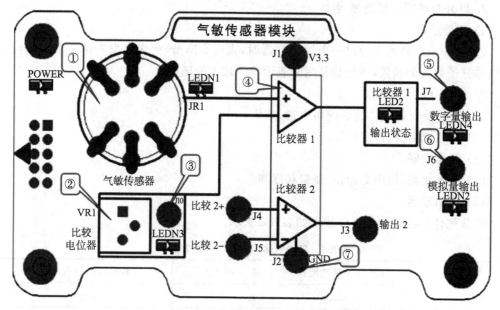

图 8-8 气敏传感器模块电路

①MQ-2 气敏传感器;②灵敏度调节电位器;③灵敏度电压测试接口 J10,测试有害气体浓度阈值电压,即比较器 1 负端(3 脚)电压;④比较器电路;⑤数字量输出接口 J7,测试比较器 1 输出电平电压;⑥模拟量输出接口 J6,测试气敏传感器感应电压,即比较器 1 正端电压;⑦接地 GND 接口 J2。

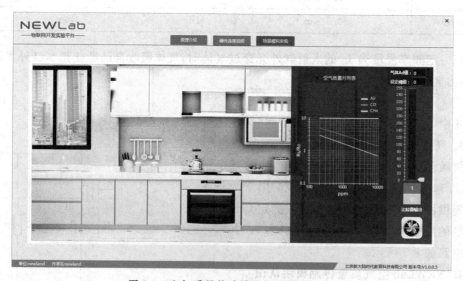

图 8-9 空气质量传感模块场景模拟界面

🐾 实验步骤

1. 启动空气传感模块

空气质量传感模块工作时需要气敏传感器、继电器、风扇三个模块,如图 8-10 所示。风扇模块用来模拟排气设备,当有害气体浓度过高时,风扇旋转,排气设备开始工作。

（a）无连接线 （b）有连接线

图 8-10 空气质量传感模块工作参考图

（1）将 NEWLab 实验硬件平台通电并与计算机连接。

（2）将气敏传感器模块、继电器模块分别放置在 NEWLab 实验平台一个实验模块插槽上，风扇模块放置好，并将三个模块连接好，各个模块的连线情况参考图 8-11。

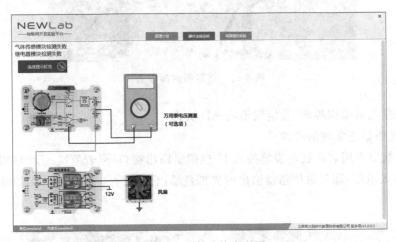

图 8-11 硬件连接参考图

（3）将模式选择调整到自动模式，按下电源开关，启动实验平台，使空气质量传感模块开始工作。

（4）启动 NEWLab 实验上位机软件平台，选择气敏传感实验。

（5）选择硬件连接，上位机软件平台检测硬件通过，如图 8-11 所示。如果单击连线指示灯亮，则连线指示灯开始闪烁，表示连线成功。

（6）选择场景模拟实验，上位机软件测试硬件平台的空气质量传感模块正常工作，并进入工作界面。

2. 测量实验

1）设置空气质量，采集灵敏度的阈值

气敏传感器模块需要设置有害气体浓度采集灵敏度的阈值，设置方式如下。

（1）将数字万用表的挡位调节至电压挡（直流 V 挡），将万用表的红表笔接入模块的 J10 灵敏度电压测试接口，黑表笔接入 J2 GND 接口，对电路进行调零操作。

注意： 表笔与接口位置要相同，如果位置相反，则检测结果的数字应为负数。

（2）调节可调电阻 VR1，设置灵敏度的阈值。测量 J10 阈值电压值为 ＿＿＿＿＿＿＿＿
＿＿＿＿＿＿＿，调零测试参考图 8-12。

注意： 后续测试不可再调节电位器。

图 8-12　调零测试参考图

（3）观察场景模拟界面，设定阈值的 AD 值为 ＿＿＿＿＿＿。

2）空气质量正常时的参数

（1）将数字万用表的红色表笔接入 J6 模拟量输出接口，黑表笔接入 J2 GND 接口，测量比较器输入电压，即气敏传感器输出的模拟量输出电压为 ＿＿＿＿＿＿＿＿，测量实图参考图 8-13（a）。

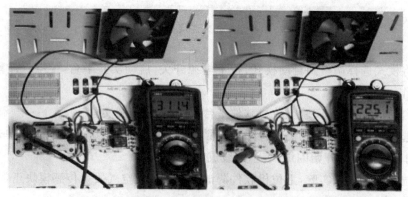

（a）模拟量输出　　　　　　　　（b）数字量输出

图 8-13　空气质量正常时测量参考实图

（2）将数字万用表的红色表笔移到 J7 数字量输出接口，黑表笔不变，测量比较器输出的数字量输出电压为_____,测量实图参考图 8-13(b)。

(3) 观察场景模拟中的情况,气体 AD 值为_____,比较器的输出状态为_____,风扇的工作状态是_____。

3) 有害气体浓度过高时的参数

(1) 利用打火机改变有害气体的浓度,模拟有害气体浓度上升的状态,电路进入排除有害气体的工作状态。观察电路的变化情况,风扇的变化为_____。

(2) 测量此时气敏传感器输出的模拟量输出电压为_____、比较器输出的数字量输出电压为_____,测量实图参考图 8-14。

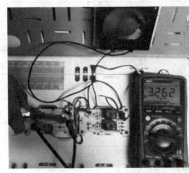

(a) 模拟量输出   (b) 数字量输出

图 8-14   有害气体浓度高时模块测量图

(3) 观察场景模拟中情况,此时气体 AD 值为_____,比较器的输出状态为_____,风扇的工作状态是_____,测量实图参考图 8-15,并将测量结果填入表 8-3 中。

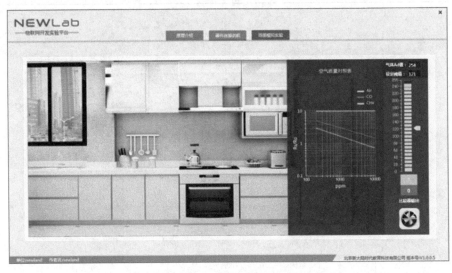

图 8-15   有害气体浓度高时模拟界面测量图

(4) 将打火机离开气敏传感器,观察电路的变化和模拟场景的情况,电路的检测结果

变化情况是＿＿＿＿＿＿＿＿＿＿＿＿＿＿＿＿＿＿＿＿＿＿，场景的变化情况是

＿＿＿＿＿＿＿＿＿＿＿＿＿＿。

🖅 实验数据分析

（1）将上述测试结果填入表 8-3 中。

表 8-3　空气质量传感模块的数据表

项　　目	空气质量正常		有害气体浓度高时	
	电压值/V	AD 值/LSB	电压值/V	AD 值/LSB
J10 阈值电压				
J6 模拟量输出				
J7 数字量输出		无		无
风扇工作状态				
比较器输出状态				
打火机离开气敏传感器后的情况				

（2）根据表 8-13 中的数据，分析以下问题。

① 以所测量的电压为参考，AD 值的误差情况是＿＿＿＿＿＿＿＿＿＿

＿＿＿＿＿＿＿＿＿＿＿＿＿＿＿＿＿＿＿＿＿＿＿＿＿＿＿＿＿＿。

② 以观测到的 AD 值为参考，电压的误差情况是＿＿＿＿＿＿＿＿＿

＿＿＿＿＿＿＿＿＿＿＿＿＿＿＿＿＿＿＿＿＿＿＿＿＿＿＿＿＿＿。

③ 阈值与有害气体浓度的关系情况是＿＿＿＿＿＿＿＿＿＿＿＿＿

＿＿＿＿＿＿＿＿＿＿＿＿＿＿＿＿＿＿＿＿＿＿＿＿＿＿＿＿＿＿。

实验项目 9　声音传感器的应用——声音传感器实验

建议课时:3

实验目的

(1) 了解声音传感器的种类和工作原理。

(2) 了解驻极体电容式声音传感器的工作特点及原理。

(3) 了解声音传感模块的原理并掌握其测量方法。

实验设备

NEWLab 实验平台、声音传感模块、万用表、数字示波器。

实验原理

声音是由物体振动产生的声波,是通过介质(空气或固体、液体)传播并能被人或动物的听觉器官所感知的波动现象。最初发出振动的物体叫声源。声音以波的形式振动传播。声波在介质中传播的速度称为声速,用 C 表示,单位为 m/s,声速的大小取决于介质的弹性和密度而与声源无关,在常温(即 20℃)和标准大气压下,空气中的声速 C 是 344m/s;声波行经两个波长的距离所需的时间称为周期,用 T 表示,单位是 s;周期的倒数即声波每秒钟振动的重复次数称为频率,用 f 表示(即 $f=1/T$),单位为 Hz。

1. 驻极体电容传声器

驻极体电容传声器分为振膜式驻极体电容传声器和背极式驻极体电容传声器。背极式驻极体电容传声器由于膜片与驻极体材料各自发挥其特长,因此性能比振膜式驻极体电容传声器好。

驻极体电容传声器结构如图 9-1 所示。

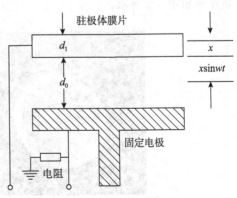

图 9-1　驻极体电容传声器结构

驻极体电容传声器参数如表 9-1 所示。

表 9-1　测量用驻极体电容传声器（电压输出型）技术参数

型　号	频率范围 ±2db/Hz	灵敏度 （mv/pa）	响应类型	动态范围 /db	外形尺寸 直径/mm	厂家
CHZ-11	3～18k	50	自由场	12～146	23.77	A
CHZ-12	4～8k	50	声场	10～146	23.77	A
CHZ-11T	4～16k	100	自由场	5～100	20	A
CHZ-13	4～20k	50	自由场	15～146	12	A
CHZ-14A	4～20k	12.5	声场	15～146	12	A
HY205	2～18k	50	声场	40～160	12.7	B
4175	5～12.5k	50	自由场	16～132	2642	C
BF5032P	70～20000	5	自由场	20～135	49	D
CZⅡ-60	40～12000	100	自由场/声场	34	9.7	E

注：A 是中国科学院声学研究所；B 是衡阳仪表厂；C 是丹麦 B&K 公司；D 是捷利音响工业有限公司；E 是国营 797 厂。

2. 压电传声器

压电传声器利用压电效应进行声电/电声变换，其声电/电声转换器为一片 30～80μm 厚的多孔聚合物压电驻极体薄膜，相对电容式/动圈式结构复杂且精度要求极高的零件配合设计，大大减小了电声器件的体积；同时，零件数目大为减少，可靠性得到保证，方便大规模生产的需求。多孔聚合物压电驻极体薄膜能达到非常高的压电系数，比 PVDF 铁电聚合物及其共聚物的压电活性高 1 个量级；薄膜的厚度可以做到很薄，易于满足对尺寸的要求，且原料的来源广泛，材料成本与加工制备均较压电陶瓷与铁电单晶材料更容易。利用压电驻极体制成的电声器件，可广泛应用于电声、水声、超声与医疗等领域。压电传声器外形如图 9-2 所示。

（a）超薄压电传声器　　　　　　　　（b）ECM 压电传声器

图 9-2　压电传声器外形

3. 动圈式传声器

动圈式传声器是电动传声器的一种,是指运动导体呈圆形线圈的电动传声器。其结构较简单、稳定可靠、输出阻抗低、可接长电缆,固有噪声小,是放映设备应用较普遍的一种。动圈式传声器的结构是在一膜片背面紧系着一个位于磁场中的线圈,膜片前后还有适当的腔、管等声学元件。当声波入射到膜片上时,膜片带动位于磁场中的线圈一起运动,结果在线圈中感生出正比于声压的电信号。

根据电磁感应原理,振膜运动时,将会在音圈两端产生一个电位差输出,即

$$E = Blv \tag{9-1}$$

式中,E 为输出电位差,单位为 V;B 为磁路中的磁场密度,单位为 T;l 为音圈的长度,单位为 m;v 为音圈运动的速度,单位为 m/s。

动圈式传感器示意图如图 9-3 所示。

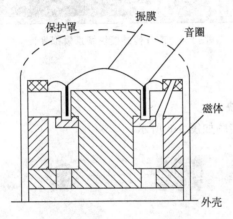

图 9-3　动圈式传感器

4. 驻极体式电容传声器的应用电路

为了避免使用极化电压,驻极体式电容传声器有两种接法,如 9-4 所示。

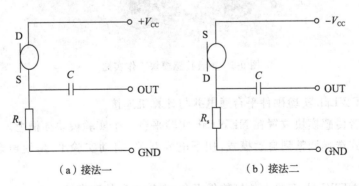

（a）接法一　　　　　　（b）接法二

图 9-4　驻极体式电容传声器的接法

5. 认识 NewLand 声音传感模块

声音传感模块场景模拟界面如图 9-5 所示。

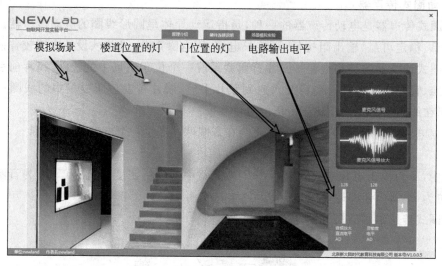

图 9-5　声音传感模块场景模拟界面

🖐 实验步骤

1. 启动声音传感模块

声音传感模块工作实图如图 9-6 所示。

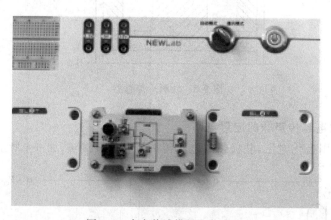

图 9-6　声音传感模块工作实图

（1）将 NEWLab 实验硬件平台通电并与计算机连接。

（2）将声音传感模块放置在 NEWLab 实验平台一个实验模块插槽上。

（3）将模式选择调整到自动模式，按下电源开关，启动实验平台，使声音传感模块开始工作。

（4）启动 NEWLab 实验上位机软件平台，选择声音传感实验。

（5）选择硬件连接，上位机软件平台检测硬件通过，如图 9-7 所示。

（6）选择场景模拟实验，上位机软件测试硬件平台的声音传感模块正常工作，并进入工作界面。

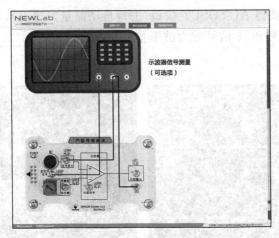

图 9-7　硬件连接说明界面

2. 测量实验

1）设置声音，采集灵敏度的阈值

声音传感模块需要设置采集灵敏度的阈值，设置的方式如下。

（1）将数字万用表的挡位调节至电压挡（直流 V 挡），将万用表的红表笔接入模块的 J10 灵敏度接口，黑表笔接入 J2 GND 接口，对电路进行调零操作。

（2）调节可调电阻 VR1，设置灵敏度的阈值。测量 J10 灵敏度电压值为_____，调零测试参考图 9-8。

注意：灵敏度设置电压值如果较小，实际测试声音的效果会受到影响。

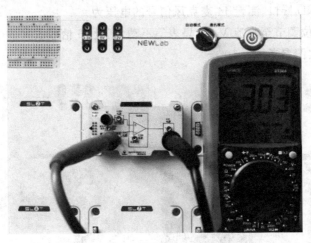

图 9-8　调零测试参考图

（3）观测场景模拟界面，灵敏度直流电平 AD 值为_____。

2）驻极体话筒输出波形测试

（1）将数字示波器进行校准，校准好的示波器与声音传感模块连接，如图 9-8 所示。将示波器的两个通道的探头分别接入 J4 麦克风信号接口、J6 信号放大接口，地线接头和 J2 GND 接口连接好。

（2）按下数字示波器 AUTOSET 按钮，进行自动测量。当没有明显声音时，J4 麦克风信号接口的波形信号和 J6 信号放大波形信号情况是 _____ 。测试实图参考图 9-9（a）。

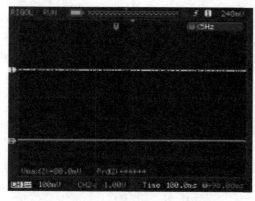 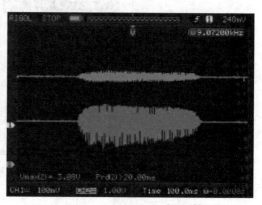

（a）无声音影响时信号波形图　　　　　　　（b）有声音影响时信号波形图

图 9-9　声音传感模块驻极体话筒输出波形测试参考图

（3）对准麦克风制造噪声，此时 J4 麦克风信号接口的波形信号和 J6 信号放大接口的波形信号情况是 _____ ，请将波形记录下来，测试实图参考图 9-9（b）。

3）测量没有声音时的参数

（1）万用表的挡位调节至电压挡（直流 mV 挡），将红表笔接入 J4 麦克风信号接口，黑表笔接入 J2 GND 接口，测量 J4 麦克风信号的电压为 _____ ，将红表笔移到 J6 信号放大接口，挡位调节至直流 V 挡，黑表笔不动，测量 J6 信号放大的电压为 _____ 。测试实图参考图 9-10。

 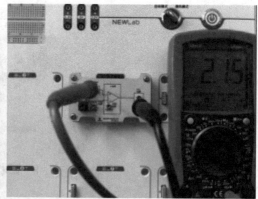

（a）J4 麦克风信号电压 U_i 测量　　　　　　　（b）J6 信号放大电压 U_o 测量

图 9-10　无声音影响时麦克风信号测试参考图

（2）将红表笔接入 J7 的比较信号接口，测量比较器 1 的比较信号电压为 _____ ；

将红表笔接入 J3 比较输出接口,测量比较器 2 的比较输出电压为＿＿＿＿＿＿＿＿,测试实图参考图 9-11。

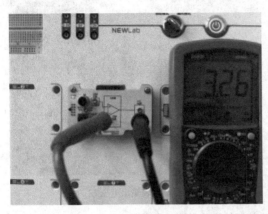 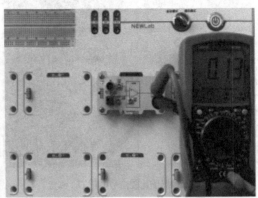

（a）J7 比较器 1 比较信号电压 U_{D1} 测量　　　　（b）J3 比较器 2 比较输出电压 U_{D2} 测量

图 9-11　无声音影响时比较器输出信号测试参考图

（3）观察场景模拟界面的情况,界面中灵敏度电平 AD 值为＿＿＿＿＿,音频放大直流电平 AD 值为＿＿＿＿＿,模拟场景中灯光情况为＿＿＿＿＿＿＿＿＿＿。

4）测量有明显声音影响时的参数

（1）测量此时 J4 麦克风信号的电压为＿＿＿＿＿＿,J6 信号输出放大的电压为＿＿＿＿＿,测试实图参考图 9-12。

（a）J4 麦克风信号电压测量　　　　（b）J6 信号输出放大电压测量

图 9-12　有明显声音影响时麦克风信号测试参考图

（2）测量此时比较器 1 的比较信号电压为＿＿＿＿＿＿＿＿＿;比较器 2 的比较输出电压为＿＿＿＿＿＿＿＿＿,测试实图如图 9-13 所示。

（3）观察场景模拟界面的情况,此时界面中灵敏度电平 AD 值为＿＿＿＿＿,音频放大直流电平 AD 值为＿＿＿＿＿,模拟场景中灯光情况为＿＿＿＿＿＿＿＿＿＿＿＿,测试实图参考图 9-14。

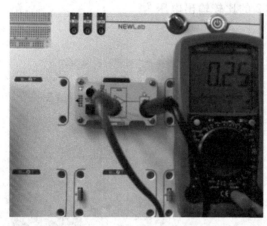 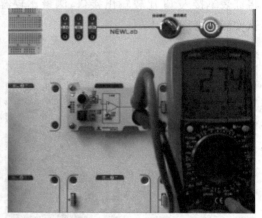

（a）比较器 1 比较信号电压 U_{D1} 测量　　　　　（b）比较器 2 比较输出电压 U_{D2} 测量

图 9-13　有明显声音影响时比较器输出信号测试参考图

（a）第一次有明显噪声影响时　　　　　（b）第二次有明显噪声影响时

图 9-14　有明显声音影响模拟场景界面参考图

实验数据分析

（1）将上述测试结果填入表 9-2。

表 9-2　声音传感模块的数据表

项　　目	无噪声		有明显噪声	
	电压值/V	AD 值/LSB	电压值/V	AD 值/LSB
J10 灵敏度				
J4 麦克风信号		无		无
J6 信号放大				
J7 比较信号		无		无
J3 比较输出		无		无
灯光控制情况结果				
J4 麦克风信号波形				
J6 信号放大波形				

（2）根据表 9-20 中的数据，分析以下问题。

① 麦克风信号放大电路的放大倍数为 _____

_____。

② 以所测量的电压值为参考，分析 AD 值的误差情况为 _____

_____。

③ 以观测到的 AD 值为参考，分析电压的误差情况为 _____

_____。

④ 比较器的作用是 _____。比较器输出

电平情况为 _____

_____。

⑤ 灵敏度设置和环境噪声的关系是 _____。灯光控制和声音

影响情况为 _____

_____。

参 考 文 献

[1] 蔡远,陈玉霞.红外传感器技术的应用研究[J].电子制作,2017(8):14+11.

[2] 程春雨,王开宇,商云晶,等.电阻应变式称重传感器在实验教学中的应用[J].实验室科学,2016,19(4):48-50.

[3] 杜永苹.浅谈红外线传感器的应用[J].中国科技信息,2013(18):131.

[4] 樊延虎,曹新亮,宋永东.双积分 A/D 转换器工作原理的演示实验装置的设计[J].实验技术与管理,2006(2):51-52+55.

[5] 冯冬雷.电子技术的主动式传感器物联网控制系统设计研究[J].电子元器件与信息技术,2023,7(4):196-199+211.

[6] 高莉宁,丁思晴,余江江,等.压电技术在智能道路中应用研究现状[J].科学技术与工程,2023,23(27):11486-11495.

[7] 李志华,宋佩君.热敏电阻特性测量实验的拓展研究[J].科学技术创新,2023(20):39-43.

[8] 刘奕帅.集成环境光传感器和接近传感器关键技术研究[D].西安:西安电子科技大学,2022.

[9] 罗志高.传感器原理与应用实验设计与实现[J].大学物理实验,2020,33(6):39-42.

[10] 彭辉.物联网技术中磁传感器的应用[J].智能计算机与应用,2019,9(5):344-346.

[11] 彭辉.智能楼宇技术中温度检测技术的应用[J].沿海企业与科技,2017(6):23-24+7.

[12] 任东.湿度传感器技术与应用[J].广州自动化,1995(1):6-9.

[13] 邵盛楠.模块化理念在书架设计中的应用研究[D].石家庄:河北科技大学,2019.

[14] 王帅.基于多传感器融合的水汽探测系统设计[D].南京:南京信息工程大学,2023.

[15] 王鑫,杨胡江.基于光敏电阻的光开关设计性实验[J].物理实验,2020,40(11):18-21.

[16] 吴晓岚.气敏传感器的应用研究[J].新课程(下),2015(7):158.

[17] 咸夫正,王春明.压电效应演示实验的新设计[J].大学物理,2022,41(8):47-51+75.

[18] 张慧敏.双积分 A/D 转换器在运算电路中的应用[J].池州师专学报,2004(5):85-103.

[19] 赵志峰,刘杭,何雨轩.温度安全检测实验装置系统设计[J].仪器仪表用户,2023,30(9):19-22.

[20] 朱世国.温度传感器的设计与实验[J].物理实验,1995(2):54-56.